高等学校计算机类专业系列教材

Hadoop 大数据基础应用教程

Hadoop DASHUJU JICHU YINGYONG JIAOCHENG

主　编　陈建峡
副主编　董新华　顾　巍
　　　　韩洪木　程　玉

西安电子科技大学出版社

内 容 简 介

本书将理论和实践相结合，深入浅出地介绍了 Hadoop 海量数据处理平台的主要技术和相关应用。全书共 10 章，其中：第 1～6 章主要介绍 Hadoop 平台的基础理论知识，涉及云计算与大数据概述、Hadoop 平台概述、分布式文件系统 HDFS、Hadoop 的 I/O 操作、分布式编程模型 MapReduce 及其作业运行机制；第 7～10 章介绍基于 Hadoop 平台的相关应用组件，包括数据分析技术 Pig、数据仓库 Hive、分布式数据库 HBase 以及分布式协调服务 ZooKeeper。本书旨在帮助读者掌握 Hadoop 的核心技术，使读者能够完成在 Hadoop 平台上的基础程序开发，并不是学习 Hadoop 的全部知识。希望全面了解 Hadoop 知识的读者，建议学习后续进阶课程。

本书可作为高等院校数据科学专业的核心专业基础课程教材，也可作为高等院校计算机相关专业的教材，还可作为对大数据技术学习感兴趣的读者的自学参考书。

图书在版编目（CIP）数据

Hadoop 大数据基础应用教程 / 陈建峡主编. -- 西安：西安电子
科技大学出版社, 2025. 8. -- ISBN 978-7-5606-7695-1

Ⅰ. TP274

中国国家版本馆 CIP 数据核字第 2025W5S992 号

策　　划　秦志峰
责任编辑　秦志峰
出版发行　西安电子科技大学出版社（西安市太白南路 2 号）
电　　话　（029）88202421　88201467　　　邮　　编　710071
网　　址　www.xduph.com　　　　　　电子邮箱　xdupfxb001@163.com
经　　销　新华书店
印刷单位　河北虎彩印刷有限公司
版　　次　2025 年 8 月第 1 版　　　　　2025 年 8 月第 1 次印刷
开　　本　787 毫米×1092 毫米　1/16　　　印　张　11.25
字　　数　262 千字
定　　价　33.00 元
ISBN 978-7-5606-7695-1
XDUP 7996001-1

*** 如有印装问题可调换 ***

前　言

　　Hadoop 技术的崛起源于对大规模数据处理的需求，其分布式存储和计算模型为处理庞大数据集提供了一种高效而可靠的方式。随着云计算与大数据处理技术在我国的发展，Hadoop 技术相关的参考书和教材也日益增多，为读者带来了丰富的学习资源。本书的定位为高等院校数据科学专业的核心专业基础课程教材，不仅要满足入门专业课程全面且易懂的要求，也要具有衔接专业课程的深度。因此，编者对本书的内容做了精心的设计。

　　首先，本书介绍了云计算与大数据的关系，内容包括云计算的发展历程和大数据处理的主要应用系统，帮助读者建立大数据技术的全面认知；同时结合当前社会问题，引导读者思考大数据技术在解决社会难题、促进可持续发展方面的潜力。接下来，进一步介绍了大数据技术基础 Hadoop 平台，包括其起源、发展历程、核心架构和组件，让读者清晰地了解 Hadoop 平台的整体框架。紧接着，讲解了 Hadoop 平台的 I/O 操作与传统操作的差异，以及如何使用校验和检验数据完整性。

　　在此基础上，本书深入浅出地阐述了 Hadoop 平台的两大核心技术：分布式文件系统 HDFS 和分布式编程模型 MapReduce。在介绍 HDFS 技术时，本书结合文件系统的来源，详细介绍了文件系统的概念，以便帮助缺乏相关理论基础的读者深入理解分布式文件系统 HDFS 的原理与应用，而不是仅仅局限在 HDFS 文件操作的层面。在介绍 MapReduce 编程模型原理的基础上，本书进一步阐述了 MapReduce 作业运行机制，以帮助读者真正掌握使用 MapReduce 进行程序开发的技术。

　　最后，本书分别介绍了 Hadoop 平台中常用的 4 类组件：数据分析技术 Pig、数据仓库 Hive、分布式数据库 HBase 和分布式协调服务 ZooKeeper。本书不仅能够帮助读者了解常用组件的安装、部署、操作命令以及关键的技术原理，而且以此为基础，可帮助读者建立自主学习其他组件的能力。

在学习本书之前，建议读者先学习 Linux 操作系统和 Java 语言基础知识。本书具有简单易学、循序渐进、实用性强等特点。书中每章都附有一定数量的术语解释和简答题，可帮助读者巩固基础知识。同时，编者积累了多年的实验程序案例，为本书的每章内容免费提供实验教程，可供读者直接上机操作，帮助读者提高实际动手能力。另外，本书还配备了 PPT 课件、源代码、习题答案等丰富的教学资源，需要的读者可登录西安电子科技大学出版社官网免费下载。

在编写本书的过程中，湖北工业大学计算机学院的诸位教师秉持分工协作的原则，有序开展各章节内容的编写工作，具体分工为：陈建峡编写第 1～4 章；董新华编写第 5、6 章；顾巍编写第 7、8 章；韩洪木编写第 9 章；程玉编写第 10 章。同时，湖北工业大学计算机学院的曾金博士协助主编完成了初稿的审核与校正工作。

由于 Hadoop 技术发展迅猛，加之编者水平有限，书中难免存在不足之处，敬请广大读者批评指正。读者若有任何问题和建议，均可发送电子邮件至 chenjianxia@hbut.edu.cn。

编　者
2025 年 4 月

目　录

第1章　云计算与大数据概述.................1
1.1　云计算概述.................1
　1.1.1　云计算的特点.................2
　1.1.2　云计算服务类型.................5
　1.1.3　云计算的部署方式.................7
　1.1.4　云计算的发展现状.................8
1.2　大数据技术概述.................11
　1.2.1　大数据的基本概念.................11
　1.2.2　大数据处理流程.................14
1.3　大数据处理系统.................15
　1.3.1　批数据处理系统.................15
　1.3.2　流数据处理系统.................16
　1.3.3　交互式数据处理系统.................16
　1.3.4　图数据处理系统.................17
1.4　大数据的应用.................17
　1.4.1　批数据处理系统的典型应用.................18
　1.4.2　流数据处理系统的典型应用.................18
　1.4.3　交互式数据处理系统的
　　　　 典型应用.................19
　1.4.4　图数据处理系统的典型应用.................20
本章小结.................22
习题.................22

第2章　Hadoop 平台概述.................23
2.1　Hadoop 生态系统.................23
　2.1.1　Hadoop 的发展史.................23
　2.1.2　Hadoop 与其他系统的关联.................25
2.2　Hadoop 系统的架构与组件.................27
2.3　Hadoop 系统的安装和配置.................30
　2.3.1　Hadoop 系统的安装.................30
　2.3.2　Hadoop 的配置.................32

2.4　Hadoop 网络拓扑与管理.................33
　2.4.1　Hadoop 网络拓扑结构.................33
　2.4.2　Hadoop 网络节点动态管理.................35
本章小结.................37
习题.................37

第3章　分布式文件系统 HDFS.................38
3.1　文件系统简介.................38
　3.1.1　目录与目录树.................38
　3.1.2　文件管理器.................39
3.2　分布式文件系统.................40
　3.2.1　NFS 协议.................41
　3.2.2　NFS 文件操作.................41
3.3　HDFS 体系结构.................43
　3.3.1　HDFS 常用概念.................43
　3.3.2　HDFS 系统架构.................45
3.4　HDFS 常用操作.................46
3.5　HDFS 数据流.................47
　3.5.1　文件的读取流程.................48
　3.5.2　文件的写入流程.................49
本章小结.................50
习题.................50

第4章　Hadoop 的 I/O 操作.................51
4.1　数据完整性.................51
　4.1.1　HDFS 数据完整性.................51
　4.1.2　本地文件系统.................53
　4.1.3　校验和文件系统.................53
4.2　基于文件的数据结构.................53
　4.2.1　序列文件.................53
　4.2.2　镜像文件.................54
4.3　压缩文件.................55

4.3.1 压缩与解压缩 55
4.3.2 压缩格式的处理 56
4.4 对象序列化 57
4.4.1 序列化的作用和功能 57
4.4.2 Writable 类 58
4.4.3 自定义 Writable 类型 60
4.4.4 序列化 API 60
本章小结 61
习题 61

第5章 分布式编程模型 MapReduce 62
5.1 MapReduce 的体系架构 62
5.1.1 MapReduce 的物理架构 62
5.1.2 Map Task 的执行过程 64
5.1.3 Reduce Task 的执行过程 64
5.2 MapReduce 编程模型和计算流程 64
5.3 MapReduce 数据流 65
5.4 MapReduce 的编程方法 67
5.4.1 MapReduce 的编程接口 67
5.4.2 分片与格式化数据源 68
5.4.3 Map Task 69
5.5 shuffle 过程 70
5.5.1 Map 端的 shuffle 过程 70
5.5.2 Reduce 端的 shuffle 过程 72
5.6 MapReduce 程序的编写 74
5.6.1 Word Count 程序 74
5.6.2 Map 端处理 75
5.6.3 Reduce 端处理 75
5.6.4 本地测试 76
本章小结 77
习题 77

第6章 MapReduce 作业运行机制 78
6.1 开发环境的配置 78
6.1.1 配置 API 78
6.1.2 配置管理 80
6.1.3 用于简化的辅助类 81
6.2 MapReduce 程序运行实例 82
6.2.1 程序打包 83
6.2.2 本地模式运行程序 84

6.2.3 集群模式运行程序 85
6.3 MapReduce 程序性能调优方法 86
6.4 复杂 MapReduce 编程 87
6.4.1 MapReduce Job 全局数据共享 87
6.4.2 MapReduce Job 链接 88
6.5 MapReduce 作业执行流程 91
6.6 错误处理机制 93
6.6.1 任务运行失败处理 93
6.6.2 Application Master 失败 94
6.6.3 NodeManager 失败 94
6.6.4 ResourceManager 失败 95
6.7 MapReduce 作业调度器 95
本章小结 96
习题 96

第7章 数据分析技术 Pig 98
7.1 Pig 的安装与运行 98
7.1.1 Pig 的运行模式 99
7.1.2 Pig 程序的运行方式 100
7.1.3 Grunt 101
7.1.4 Pig Latin 编辑器 101
7.2 Pig Latin 语言 102
7.2.1 Pig Latin 结构 102
7.2.2 Pig Latin 语句 102
7.2.3 Pig Latin 表达式 103
7.2.4 Pig Latin 数据类型 104
7.2.5 Pig Latin 模式 104
7.2.6 Pig Latin 函数 105
7.2.7 Pig Latin 宏 107
7.3 用户自定义函数 108
7.3.1 过滤 UDF 108
7.3.2 计算 UDF 109
7.3.3 加载 UDF 110
7.4 数据处理操作 113
7.4.1 数据的加载和存储 113
7.4.2 数据的过滤方法 113
7.4.3 数据的分组与连接 114
7.4.4 数据的排序 115
7.4.5 数据的组合和切分 116

7.5　Pig 的应用技巧 116
　　7.5.1　并行处理 116
　　7.5.2　匿名关系 117
　　7.5.3　参数代换 117
本章小结 117
习题 117

第 8 章　数据仓库 Hive 119
8.1　Hive 简介 119
　　8.1.1　Hive 的数据存储 119
　　8.1.2　Hive 的元数据存储 120
8.2　Hive 的基本操作 120
　　8.2.1　在集群上安装 Hive 120
　　8.2.2　配置 MySQL 存储 Hive
　　　　　元数据 122
　　8.2.3　配置 Hive 123
8.3　HiveQL 124
　　8.3.1　数据类型 124
　　8.3.2　操作与函数 125
8.4　Hive 表 125
　　8.4.1　内部表和外部表 125
　　8.4.2　分区表和桶表 126
　　8.4.3　存储格式 127
　　8.4.4　数据导入方式 128
　　8.4.5　表的修改 129
　　8.4.6　表的丢弃 129
8.5　查询数据 130
　　8.5.1　排序和聚集 130
　　8.5.2　MapReduce 脚本 130
　　8.5.3　连接 131
　　8.5.4　子查询 132
　　8.5.5　视图 132
8.6　用户定义函数 133
　　8.6.1　写 UDF 133
　　8.6.2　写 UDAF 134
本章小结 137
习题 137

第 9 章　分布式数据库 HBase 138
9.1　安装 HBase 138

9.1.1　HBase 的安装与配置 138
9.1.2　HBase 的运行步骤 140
9.1.3　HBase Shell 命令 140
9.1.4　HBase 参数的配置 141
9.2　HBase 体系结构 142
　　9.2.1　Hregion 142
　　9.2.2　Hregion 服务器 143
　　9.2.3　HBaseMaster 服务器 143
　　9.2.4　ROOT 表和 META 表 143
9.3　HBase 数据模型 144
　　9.3.1　模型构成 144
　　9.3.2　概念视图 144
　　9.3.3　物理视图 145
9.4　HBase API 145
　　9.4.1　HBaseConfiguration 类 146
　　9.4.2　HBaseAdmin 类 146
　　9.4.3　HTableDescriptor 类 147
　　9.4.4　HcolumnDescriptor 类 148
　　9.4.5　Htable 类 148
　　9.4.6　Put 类 149
　　9.4.7　Get 类 149
　　9.4.8　Result 类 150
　　9.4.9　ResultScanner 类 150
9.5　HBase 编程 151
　　9.5.1　Hbase 编程配置 151
　　9.5.2　HBase 编程示例 151
　　9.5.3　HBase 与 MapReduce 结合使用
　　　　　示例 154
9.6　模式设计 157
　　9.6.1　模式设计原则 157
　　9.6.2　学生表 157
　　9.6.3　事件表 158
本章小结 158
习题 158

第 10 章　分布式协调服务 ZooKeeper 160
10.1　ZooKeeper 概述 160
10.2　ZooKeeper 数据模型 161
　　10.2.1　ZNode 161

10.2.2 ZooKeeper 的记录时间方式 162

10.2.3 ZooKeeper 节点属性 162

10.2.4 Watch 触发器 163

10.3 ZooKeeper 集群的安装和配置 164

10.4 ZooKeeper 主要的 Shell 操作 167

10.5 ZooKeeper 的典型运用场景 169

10.5.1 数据发布与订阅 169

10.5.2 统一命名服务 169

10.5.3 分布式协调/通知 170

本章小结 170

习题 170

参考文献 172

第 1 章　云计算与大数据概述

　　云计算与大数据是现代信息技术领域密不可分的两个概念。大数据通常是指规模巨大、类型多样、处理速度快的数据集合，需要强大的计算能力和存储空间来分析和挖掘有价值的信息。云计算则提供了弹性的、可扩展的计算资源和存储服务，是大数据处理的重要技术基础之一。云计算和大数据相辅相成，共同推动了信息技术的进步。因此，本章详细介绍了两者的概念、工作原理和实际应用，可为后续章节的学习提供完整的技术背景。

1.1　云计算概述

　　自从 2022 年 11 月 30 日，OpenAI 开发并推出聊天机器人 ChatGPT 开始，各种大语言模型纷纷涌现，如文心一言、智普 AI、豆包和 DeepSeek 等。作为一种强大的自然语言处理工具，大语言模型能够自动实现文本生成、问题回答、语言翻译等多种 AI 任务，广泛地运用于社会的各个领域。其中，云计算被视为这些大语言模型的"中枢神经"，它能够感知和调度各种应用领域的数据信息，加速数字大脑(人工智能算法)的发展，最终孕育出具有智慧的数字生命体(人工智能软件)，再次引起了社会各界的广泛关注。

　　21 世纪初期，计算机处理和存储技术以及互联网技术的快速发展，使得人类社会的计算资源变得不仅更便宜、更强大，而且更加无处不在。20 世纪 60 年代，计算机科学家约翰·麦卡锡提出了把计算能力作为一种公共资源提供给用户的设想，使得一种新型计算模式的出现成为可能，这可以看作是云计算的雏形。20 世纪 90 年代，有些公司开始提供类似互联网的计算服务，但当时的技术和网络条件限制了这些服务的广泛应用。2002年，亚马逊推出了包含简单的存储和计算服务的亚马逊互联网服务(AWS)，为云计算的商业化发展奠定了基础。2006 年，亚马逊进一步推出了弹性计算云(EC2)和简单存储服务(S3)，是云计算发展的里程碑，标志着云计算开始进入实用阶段。同年，谷歌的首席执行官埃里克·施密特首次采用"Cloud Computing"(云计算)的概念来描述通过互联网提供计算资源服务的一种新型商业运行模式。此后，云计算正式成为一个被广泛关注的技术领域。

　　2011 年，美国国家标准与技术研究所提供了世界公认的云计算标准化定义，即云计算是一种计算模型，可以实现普遍、便捷、按需的互联网模式，访问可配置的共享计算资源(如网络、服务器、存储、应用程序和服务),这些资源仅需要最少的管理工作或服务提供商的交互就能够被快速提供。例如,个人用户可以使用百度网盘存储自己的信息。具体而言,用户可以将自己的照片、视频、文档等文件上传到百度网盘提供的服务器进行保存。然后,通过互联网连接到百度网盘,用户就能够随时随地访问和管理自己的文件。因此,用户不需要自己购买包含大容量硬盘的个人计算机来存储这些文件。用户按需使用存储空间,而百度网盘的运营商负责维护和管理存储设备。这就是云计算提供的存储服务。同理,如果小型企业没有足够的资金和技术搭建云服务器,则可以租用阿里云、腾讯云等云服务器提供商的云服务器。例如,一个小型的电商网站可以在阿里云上租用云服务器,运行需要展现或者维护该网站的应用程序和存储数据。云服务器提供商负责这些云服务器的硬件维护、安全管理等工作,企业根据自己的业务需求,按需购买有相应计算能力和存储空间的服务器。这就是云计算提供的计算服务。用户可以根据业务的发展灵活选择需要的服务器资源,无须担心服务器硬件设备的更新和维护问题。

1.1.1　云计算的特点

初学者很容易将云计算与传统网络计算混淆,本小节讲述两者的区别,然后进一步介绍云计算的含义,同时总结云计算的技术与服务特点。

1. 云计算与传统网络计算的区别

需要明确指出的是,云计算并不是传统的网络计算,两者的区别主要体现在资源管理方式和服务提供模式两个方面。

(1) 在资源管理方式方面,传统的网络计算企业需要自行配置各种计算资源,例如,服务器、存储设备等硬件。然而,配置后的设备难以根据未来业务的变动进行相应的灵活调整。例如,某企业按自身的峰值业务需求购置服务器,但是在业务的低谷期会产生大量计算资源的闲置,导致企业的运行与维护成本大幅增加。与此相反,云计算服务平台能够随时优化计算资源,用户可以按需获取计算资源,根据业务量的多少进行调整。例如,在进行促销活动时,电商平台的业务量可能高速增长,此时,云计算服务提供商可以快速增加云服务器资源,在活动结束后减少相关云服务器资源,以降低运营成本。

(2) 在服务提供模式方面,传统网络计算的企业需搭建和维护整套网络计算系统,包括服务器、网络、存储等,还要负责软件安装、升级和安全维护,其运行与维护技术复杂而且成本很高。而云计算的服务提供模式分为 3 种不同的方式:基础设施即服务(IaaS)、平台即服务(PaaS)和软件即服务(SaaS)。用户可以根据需求选择相应的服务模式,无须关心具体的技术细节,因为各种硬件设备的维护和软件的安装等工作都由云服务提供商负责。

2. 云计算定义为“云”的理由

另外,初学者也容易因为云计算的名称包含“云”这个字感到不解。最初,云计算中的“云”来源于计算机网络架构中对网络的抽象表示。这主要是因为距离遥远,人们通常不会关心一朵云在天空中精确的位置和具体包含的物质。同理,人们用一个云状的图形来代表复杂的网络基础设施(如服务器、路由器、交换机等设备),遮蔽了各种设备的物理位置和复杂的底层技术特征。用户在使用网络服务时只需关注使用方法。随着互联网的发展，尤其是在计算资源通过互联网以服务的形式提供给用户时，将底层复杂的计算资源和网络基础设施抽象为一个整体的概念，如同云一样，就更加方便用户只看到云所提供的服务模式，而无须了解"云"内部包含的复杂技术架构和运行原理。除此之外，云计算也借用了云的以下 3 个特点进一步形象地比喻其特性。

(1) 高度可扩展性。日常生活中，人们常用"云卷云舒"形容云在空中变幻莫测的状态。这是因为云在天空中不仅无边无际，而且能够根据气象条件的不同而不断地扩展和变化。云计算也具有类似的特性，云服务提供商可以根据用户的需求，轻松地增加或减少计算资源，如服务器、存储、带宽等，以满足不同规模和变化的业务需求，具有很强的可扩展性。

(2) 资源整合与共享。众所周知，天空中的云是由水汽、凝结核和其他一些物质组成的一个整体，全球的人们都共享这个天空。与之相仿，云计算将大量的计算资源，如服务器、存储设备、网络设备等进行整合，形成一个完整的计算平台。这些资源可以被多个用户共同使用，不同用户可以根据自己的需求从这个资源池中获取所需的资源，就像不同的人可以从同一朵云中获取不同的服务(如雨水、遮阳等)一样。

(3) 服务的无形性。云本身是一种无形的物体，人们可以感受到它的存在和它所提供的效果(如遮阴、降雨等)，但却无法直接触摸和看到它的具体形态。云计算的使用方式也是如此，用户可以通过各种终端设备访问云计算服务，例如，使用在线办公软件、存储文件到云盘等，但是无法接触底层各种硬件设备和复杂的技术架构。用户只能感知到云计算所提供的服务和功能，而这些服务就像云一样无形，却实实在在地为用户带来了便利。

3. 云计算的技术特点

从技术的角度来看，云计算具有以下 6 个关键特点：

(1) 云计算以用户为中心。用户只要连接到"云"，就能够拥有存储在服务器上的所有内容(或者"数据")，如文档、消息、图像、应用程序等。同时，任何在"云"上能访问数据的设备，也将成为与他人共享的设备。

(2) 云计算以任务为中心。云计算关注的是人们需要完成的任务，以及计算机程序如何为人们服务，而不是关注计算机程序本身具有的功能。传统的计算机应用程序，如文字处理、电子表格、电子邮件等变得不如它们创建的文档重要，因为这些文档是人们的工作任务。

(3) 云计算的计算功能强大。"云"将数百上千及以上的计算机连接在一起，具有单台计算机无法具有的强大的计算能力。

(4) 云计算是容易访问的。因为"云"存储了海量的数据，用户可以立即从多个数据源中检索出更多的信息，不像使用单台计算机时局限于单一的数据来源。

(5) 云计算是智能化的平台。由于所有各种数据都存储在云计算平台中，数据挖掘和分析这些信息是必要的。因此，云计算能够提供智能化的大数据处理服务。

(6) 云计算是自动编程的平台。云计算所需的许多任务都必须实现自动化的程序开发。

例如，为了确保数据的安全性，"云"中单台服务器上的数据会在其他服务器上不断进行更新和备份，这些更新和备份工作往往需要开发相应的程序自动完成。

4. 云计算的服务特点

除了技术方面的特点之外，云计算在商业模式方面也有其独特之处，使其对能够提供云计算服务的供应商具有强烈的吸引力。在云计算环境中，传统的 IT 服务提供商主要包含两种类型，即基础设施提供商和云平台服务商。前者管理云平台并根据使用量定价模式租赁资源；后者从一个或多个基础设施提供商处租赁资源，以服务最终用户。在此，本书主要讨论与用户紧密关联的云平台服务商的服务模式。如图 1.1 所示，如果把计算资源比喻为人们日常用的水或者电，那么云平台服务商就可以比喻为提供水或者电的"自来水厂"或者"发电厂"。因此，从自来水厂连接到每家每户的水管，可以比喻为连接计算机网络的电缆，出水的水龙头就像各种计算机终端，如手机、显示器、平板电脑等。像水和电一样，人们需要的计算资源可以集中管理，通过互联网传输到不同用户。

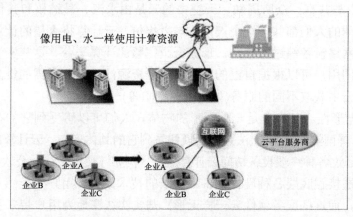

图 1.1　云平台服务商的服务模式

云平台服务商支持各种应用程序运行的计算资源动态利用，让用户更多地关注自己的业务，从而提高工作效率、降低劳动成本。这种模式不仅使计算资源的利用率大大提高，使网络的服务质量得到改善，而且对信息技术(IT)行业产生了巨大影响。像谷歌、亚马逊和微软这些国外的大公司，以及阿里、腾讯和京东等国内的大型 IT 企业，都在努力提供更强大、更可靠、成本效益更高的云平台来重塑他们的商业模式，以便从中获得更多的收益。具体而言，云计算具有以下 3 种商业模式特点：

(1) 降低了投资和运营成本。云平台服务提供商不需要投资基础设施，可以根据自己的需求从已有的云计算基础设施服务提供商处租用资源，租用费用可以根据实际的使用情况计算。同时，云环境中的资源，可以灵活地根据用户的不同需要进行分配和取消。因此，云平台服务提供商不再需要根据最大的用户负载提供计算容量，当服务需求较低时，可以释放资源以节省运营成本。

(2) 弹性计算资源及服务模式。因为基础设施提供商汇集了来自数据中心的大量计算资源，并使它们易于访问，所以云平台服务商可以很容易地将其服务规模扩大，以处理服务需求的快速增长。

(3) 降低了业务风险和维护费用。通过将云计算的基础设施外包给基础设施提供商，云平台服务商可以转移其业务风险(如硬件故障及维护)。同时，云平台服务提供商也可以减少硬件维护所需要的员工成本。

综上所述，云计算的应用前景十分广阔，它将在提高效率、降低成本、创新业务等方面发挥越来越重要的作用，并在更多领域得到广泛应用。

1.1.2　云计算服务类型

1. 根据功能和访问级别不同分类

如图 1.2 所示，根据不同的功能和访问级别，云计算主要提供了 SaaS、PaaS、IaaS 3 种服务类型。云计算服务类型具体内容阐述如下。

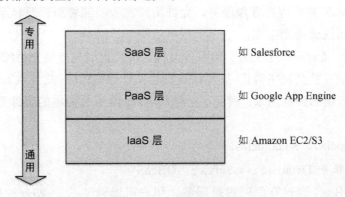

图 1.2　云计算服务类型

1) 软件即服务(Software as a Service，SaaS)

(1) 功能：SaaS 提供通过互联网访问的应用程序，管理底层的基础设施或平台。

(2) 访问级别：SaaS 的用户通过互联网访问应用程序。

(3) 举例：Salesforce、Microsoft Office 365、Google Workspace。

2) 平台即服务(Platform as a Service，PaaS)

(1) 功能：PaaS 提供一个开发、运行和管理应用程序的服务平台，用户无须构建和维护底层硬件和软件基础设施。

(2) 访问级别：PaaS 的用户可以访问数据库、开发工具、应用程序监控等中间件服务。

(3) 举例：Google App Engine、Microsoft Azure 的 App Service、Heroku。

3) 基础设施即服务(Infrastructure as a Service，IaaS)

(1) 功能：IaaS 层提供虚拟化的计算资源。用户可以租用服务器、存储空间、网络资源等基础设施，而无须购买和维护物理硬件。

(2) 访问级别：IaaS 的用户有最高级别的控制权，可以安装操作系统、中间件、应用程序等。

(3) 举例：Amazon Web Services(AWS)的 EC2、Microsoft Azure 的 Virtual Machines、Google Cloud Platform(GCP)的 Compute Engine。

2. 新的服务类型

近两年，根据用户需求的不断变化，云计算提供了一些新的服务类型，适用于不同的场景，具体阐述如下。

1) 功能即服务(Function as a Service，FaaS)

(1) 功能：FaaS 允许开发人员以函数的形式来构建、计算、运行和管理应用，而无须维护自己的基础架构，方便用户以动态的方式构建和扩展应用程序。

(2) 适用场景：FaaS 应用于事件驱动的计算、互联网应用程序、大数据处理和分析等，非常适合处理有大量交易的工作，如报表生成、图像处理或任何计划任务。

(3) 举例：AWS Lambda、Azure Functions、Google Cloud Functions、IBM OpenWhisk。

2) 容器即服务(Container as a Service，CaaS)

(1) 功能：CaaS 提供容器管理服务，允许用户在云端部署和管理容器化应用程序，并将其扩展到高可用性云基础架构。

(2) 适用场景：CaaS 广泛应用于微服务架构、持续集成与持续交付(CI/CD)、互联网应用程序(如电子商务、社交网络等)以及大数据处理和分析等领域。此外，CaaS 可以用于 PaaS 的建设中，解决应用的弹性需求，避免了传统构建 PaaS 平台面临的组件多、量级大、改造成本高等问题。

(3) 举例：Docker、Kubernetes。

3) 数据库即服务(Database as a Service，DBaaS)

(1) 功能：DBaaS 通过互联网提供服务，用户可以通过基于 Web 的界面或 API 访问来创建、操作和管理数据库，无须负责数据备份和恢复、可扩展性和性能监控等功能，能够降低管理数据库的成本。

(2) 适用场景：DBaaS 为企业提供可靠、安全的数据存储服务，支持客户关系管理(CRM)、企业资源规划(ERP)、人力资源管理(HRM)等业务系统的数据存储和管理。

(3) 举例：Amazon RDS、Google Cloud SQL、Azure SQL Database。

4) 网络即服务(Network as a Service，NaaS)

(1) 功能：NaaS 的用户无须自建数据中心或购买昂贵的网络硬件，只需根据实际需求，通过订阅的方式灵活地使用网络服务。

(2) 适用场景：NaaS 主要应用于虚拟化网络服务，包括虚拟专用网络(VPN)、软件定义网络(SDN)等。此外，NaaS 支持边缘计算，实现了低延迟、高带宽的边缘网络服务。

(3) 举例：Cisco Meraki、VMware NSX。

5) 存储即服务(Storage as a Service，STaaS)

(1) 功能：STaaS 提供了在线数据存储服务，用户可以通过互联网随时随地远程存储和访问数据。

(2) 适用场景：STaaS 具有即时自助服务、广泛网络接入、地理独立资源池、弹性伸缩和精确度量等优势，适用于需要灵活存储解决方案的企业和个人。

(3) 举例：Amazon S3、Google Cloud Storage、Microsoft Azure Blob Storage。

综上所述，云计算的各种服务类型都具有灵活、高效的特征，不同的云计算服务方案相互渗透、相互融合，往往同一款产品会跨越两个以上的云计算服务类型。用户可以根据具体需求和偏好进行选择和组合这些云计算服务类型，以实现最佳的云计算服务方案。

1.1.3 云计算的部署方式

如图 1.3 所示，根据云计算提供商与用户之间的隶属关系的不同，云计算的部署方式分为公有云、私有云和混合云 3 种。每种部署方式都有自身的特点和适用场景，用户可以根据自己的需求，自主选择不同的云计算部署方式。

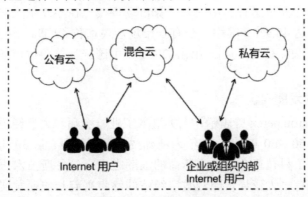

图 1.3 云计算的部署方式

1. 公有云(Public Cloud)

公有云是由第三方云服务提供商拥有和运营的，它通过互联网向公众提供服务。用户不需要拥有基础设施，只需租用服务即可。

公有云适合中小企业和初创企业，以及需要快速扩展资源的大型企业。

国外的 Amaz EC2、Google AppEngine 和 Salesforce.com 都属于公有云类别。我国目前主要的公有云平台包括阿里云、华为云、腾讯云、百度智能云、京东云、中国移动云、中国联通云等。

2. 私有云(Private Cloud)

私有云是一种云环境，由企业自主创建和使用。私有云的所有者是借助公司内部网提供防火墙服务的内部用户，因为隐私性和保密性，他们不会与其他公司或组织共享资源。

私有云适合对数据安全和合规性要求较高的企业，如金融、医疗和政府机构。

我国电力系统、银行系统等部署的云计算平台都属于私有云。

3. 混合云(Hybrid Cloud)

混合云是将公有云和私有云提供的服务结合在一起的计算环境。用户可以选择适合自身经营状况和需要的整合方式，制定规则和策略来使用混合云。

混合云适合需要灵活性和扩展性的大型企业，这些企业希望在保持数据安全性的同时，能够充分利用公有云的优势。

对于大多数企业而言，网络会议、帮助和培训系统等服务非常适合部署为公有云，涉及企业保密信息的数据仓库、分析决策系统等服务可作为私有云部署，从而构建了混合云部署方式。

简而言之，公有云适合预算有限、需要快速扩展资源的企业；私有云适合对数据安全性和合规性有严格要求的企业；混合云则适合需要灵活性和成本效益的企业，可以在公有云和私有云之间灵活切换。

1.1.4　云计算的发展现状

近年来，全球云计算市场呈现出稳定且高速的增长态势。2022 年，全球云计算市场规模已突破 4000 亿美元，尽管受到通胀压力和宏观经济下行的双重影响，增速较上年有所放缓，但仍然保持在高位运行。中国云计算市场规模也在不断扩大，2022 年达到 4550 亿元，较上年末增长达 40.9%。其中，公有云市场规模增长 49.3%，达到 3256 亿元，私有云增长 25.3%，达到 1294 亿元，且据预测，2025 年中国云计算整体市场规模将突破万亿元级别。

1. 全球云计算的发展现状

著名经济学家 Carotaperez 曾表示，人类进入工业社会后，大致经历了 5 次产业周期的变化，每一个周期为 50～60 年，前 30 年为基础技术发明阶段，后 30 年为技术加速应用阶段。当前，全球正处于科技革命、数据革命的浪潮之中，信息新技术正加速在各个领域落地，这是一个百年未有之大变局。随着数字经济的逐步兴起和快速发展，互联网、移动互联网、物联网等应用也在不断深化。

在这一关键期，云计算、人工智能(AI)等技术被称为数字经济的重要能源支柱。同时，数字经济也对这些新兴技术提出了更高的要求。以云计算为例，埃森哲对数字经济的研究表明，云计算并非只是一种工具，它可以利用 IT 资源对数字经济进行优化，并降低成本。云计算易于管理，而且能够提供多种服务来进行行业的数字化改造。因此，全球云计算发展现状呈现出快速增长和多样化的特点。各国政府非常重视制定云计算发展战略和政策，并在数据保护、隐私保护和网络基础设施建设方面加大投入，出台了一系列促进本国云计算产业发展的相关措施和规划，并由此带动了数字经济的不断发展。

Synergy Research Group(SRG)是美国一家提供全球公有云和基础设施市场情报及分析的公司，成立于 1999 年。其报告将全球市场划分为 4 个主要区域：North America、EMEA Region、APAC Region 和 Latin America。通过这些研究，Synergy Research Group 帮助客户了解全球云计算市场的趋势和竞争格局。根据 SGR 在 2024 年第三季度的统计数据，全球云计算的发展现状概述如下。

1) 全球云计算市场规模

全球企业在云计算基础设施服务上的支出达到 838 亿美元，与 2003 年同期相比增长了 23%。过去的 12 个月，这一收入达到了 3130 亿美元。在过去很长一段时间以来，云平台服务支出的增长速度远远超过云计算基础设施(如各种数据中心)支出的增长速度。目前，在生成式人工智能技术(Generative AI，GAI)的大力推动下，这种情况发生了转变，推动了社会对数据中心需求的激增和收入的攀升。如图 1.4 所示，IaaS、PaaS 和 SaaS 的平均增长率为 21%，部署公有云和私有云的数据中心支出平均增长率为 30%。不过，云平台服务支出仍然是数据中心支出的 2 倍。随着超大规模云平台服务商继续推动更广泛的 IT 市场，云计算基础设施的需求也在逐步增长。与 2023 年上半年相比，庞大的数据中心网络的运营能力增长了 24%。

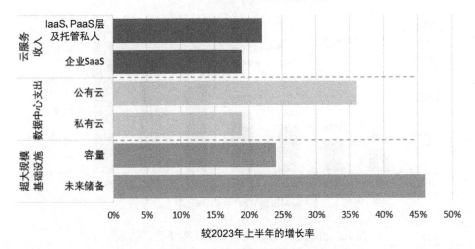

图 1.4　2024 年全球云计算的市场规模

2) 主要国家和地区的云计算发展现状

虽然世界各地的云计算市场都在强劲增长，但美国仍然是首要的发展中心。2024 年上半年，美国市场占所有云计算服务收入的 44%，占超大规模数据中心容量的 53%，占云数据中心硬件和软件市场的 47%。在所有服务和基础设施市场中，绝大多数领先企业都是美国公司。其次是中国公司，占所有云计算服务收入的 8%，占超大规模数据中心容量的 16%。

例如，在 SaaS 和云计算基础设施服务领域，整个市场的主导者仍然是 Microsoft、Amazon、Google 和 Salesforce。在数据中心硬件和软件方面，ODM(Original Design Manufacturer)继续占据着较大的市场份额，因为超大规模云平台服务商使用自己设计的服务器，由合同制造商提供。除 ODM 之外，市场的主导者还有 Dell、Microsoft、Supermicro 和 Hewlett-Packard。同时，Nvidia Corporation 的影响力也在迅速增长，它直接向服务器供应商、其他技术公司以及超大规模运营商销售产品。

2. 中国云计算发展现状

中国政府高度重视云计算行业的发展，相继出台了一系列政策措施支持云计算行业的创新与发展，包括财政支持、基础设施建设、产业政策和标准制定等多个方面。随着云计算技术的不断成熟和深入应用，中国云计算行业近年来发展迅速。根据 2024 年中国信通院《云计算白皮书》的统计数据(如图 1.5～图 1.7 所示)，中国云计算发展现状具体阐述如下。

1) 市场规模增长迅速

中国云计算市场在 2023 年实现了显著增长。2023 年市场规模达到 6165 亿元人民币，较 2022 年增长 35.5%，如图 1.5 所示。随着生成式人工智能(GAI)带来的云计算技术革新，以及大模型规模化应用落地，我国云计算产业发展将迎来新一轮增长曲线，预计到 2027 年我国云计算市场规模将超过 2.1 万亿元。

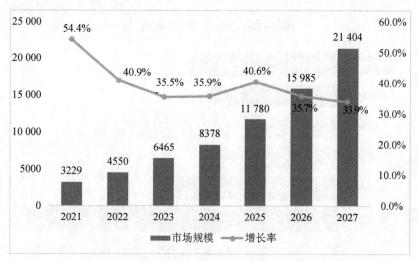

图 1.5　中国云计算市场规模及增速(单位：亿元)

2) 云计算市场结构不断优化

从细分领域来看，GAI 推动云计算市场的增长点向 PaaS、SaaS 上移。如图 1.6 所示，2023 年，中国 IaaS 市场增速达到 35.5%，市场总额达 3383 亿元。其中，电信运营商在 IaaS 领域的市场份额稳步上升，为整体市场营收持续提供增长动力；PaaS 市场总额达 598 亿元，同比增长 74.9%，得益于公有云出海业务及 AI 发展的需求，预计 PaaS 领域产品将持续增加；SaaS 市场渗透率逐年提升，2023 年市场总额达到 581 亿元，增长率为 23.1%。未来，随着 GAI 大模型进入商业落地阶段，预计大量中小型创新企业和投资公司会涌入 SaaS 领域，商业化应用将全面发展。

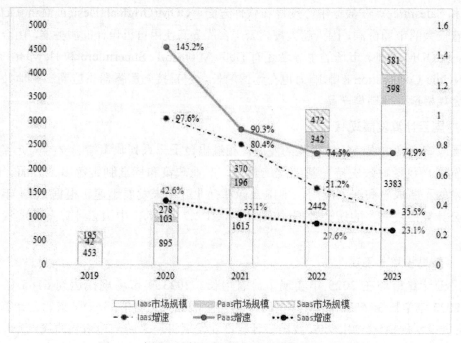

图 1.6　中国云计算细分领域市场规模(单位：亿元)

3) 产业生态不断完善

中国云计算行业比美国晚了 5 年，从早期模仿国际巨头的基础云服务模式，目前已经发展为具有自身特色的技术创新和服务体系。如图 1.7 所示，阿里云、华为云、腾讯云等主要服务商占据了市场的主导地位。同时，电信运营商(如天翼云、移动云和联通云)也在加大力度推动市场。因此，云计算与人工智能技术不断融合，渗透到制造、政务、金融、医疗、交通、能源等各个行业，为不同产业形成新质生产力提供积极的支持。

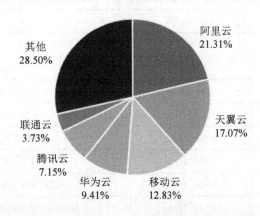

图 1.7 2023 年中国公有云厂商市场占比(单位：亿元)

上述数据充分显示，在中国政府的大力支持下，中国云计算市场正处于快速发展阶段，市场规模持续扩大，行业应用广泛，未来发展潜力巨大。

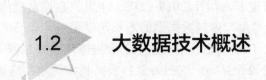

1.2 大数据技术概述

大数据(Big Data，BD)是指能够提供有价值的信息服务的海量数据，在社会各个领域有着广泛的应用和重要的作用，例如商业决策支持、科学研究助手、公共服务优化等。从宏观的角度来看，大数据是推动数字经济发展的关键生产要素，也是重塑国家竞争优势的重大发展机遇，对于提升国家竞争力具有重要意义。

1.2.1 大数据的基本概念

大数据是什么？迄今为止，大数据仍然是未被确定的概念。从宏观上看，大数据是通过互联网、物联网等技术反映信息空间中的海量数据，是联结网络空间、物理宇宙和人文社会三元世界的纽带。根据维基百科的最新资料，大数据是指传统数据处理应用中缺乏处理的大型或复杂数据集术语。

大数据具有"4V"特征，即体积大(Volume)、数据类型多(Variety)、生成速度快(Velocity)以及价值高而密度低(Value)。

1. 数据量的体积巨大

大数据的来源非常繁杂，例如，科研、企业应用、Web 应用等每天均产生无数的新数据。同时，生物医疗、电信电力、金融管理、交通运输等各个领域的总数据量呈现爆炸式增长，数据集合规模不断扩大。20 年前，大数据的量级已经从 GB、TB 达到 PB 级，目前已从 EB 和 ZB 开始计数。数据存储单位间的换算关系如表 1.1 所示。

表 1.1　数据存储单位间的换算关系

Unit(单位)	Value(值)	Size(大小)
b(bit)	0 or 1	1/8 of a Byte
B(Byte)	8 bit	1 Byte
KB(KiloByte)	1000 Byte	1000 Byte
MB(MegaByte)	1000^2 Byte	1000000 Byte
GB(GigaByte)	1000^3 Byte	1000000000 Byte
TB(TeraByte)	1000^4 Byte	1000000000000 Byte
PB(PetaByte)	1000^5 Byte	1000000000000000 Byte
EB(ExaByte)	1000^6 Byte	1000000000000000000 Byte
ZB(ZettaByte)	1000^7 Byte	1000000000000000000000 Byte
YB(YottaByte)	1000^8 Byte	1000000000000000000000000 Byte

全球数据圈是指每年创建、收集或复制的数据集。根据 IDC 的《IDC：2025 年中国拥有世界最大的数据圈》白皮书，预计 2018—2025 年世界数据总量将增加 5 倍以上，2025 年将达到 175 ZB(10^{21})。其中，中国数据圈的增长速度最快，以 30%的年平均增长速度领先全球，比全球高出 3%。IDC 的白皮书称，中国数据爆炸主要来源于新兴技术，如人工智能、物联网、云计算、边缘计算等。这些海量的数据就如同藏在地底深处的石油，蕴藏着巨大的价值和能量，科学合理地获取、存储、分析和利用数据是抓住未来商机的最有效的方法。同时，物联网技术的迅猛发展推动了实时数据的增长，到 2025 年，实时数据比例将达到 29%。

2. 数据类型繁多

目前，大数据主要包含 3 种类型，即结构化的大数据、半结构化的大数据和非结构化的大数据。其中，结构化的大数据是具有既定格式的数据，如 XML 文档或与预定义格式匹配的数据库表。半结构化的大数据可能具有格式设置，但通常被忽略，只是数据结构的一般规范，例如，网格结构数据是由单元格组成的，但每个单元格可以存储所有格式的数据。非结构化的大数据没有纯文字或图像资料等特殊的内部结构。根据 IDC 的预测，中国的数据量到 2025 年将达到 140 ZB，其中，超过非结构化数据的比例将达到 80%。

另外，由于人们获取数据的能力与网络的结构相关，因此数据之间的复杂关联随处可见，这给大数据处理技术带来了新的挑战和机遇。传统数据大都存储在关系型数据库中，但在 Web 2.0 这样的应用领域中，非关系型数据库(NoSQL)中存储的数据开始增加，需要在集成过程中进行数据转换，然而该转换过程较为烦琐且不易管理。

3. 数据生成的速度很快

大数据往往以极强的时效性,动态、快速地以数据流的形式产生,用户只有牢牢把握住数据流的流向和状态,才能有效利用这些数据中包含的信息。此外,数据本身的状态和价值也经常随着时间和空间的变化而变化,数据的表象是显而易见的。据推测,全球将在2025 年之前每天产生 463 EB 的数据。图 1.8 是 Raconteur 公司整理的一日数据统计图。

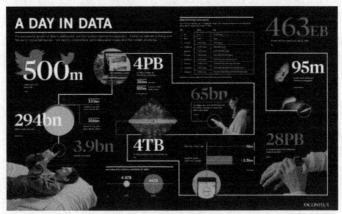

图 1.8　一日数据统计图

以下是图 1.8 中突出显示的一些重要的每日统计信息:

(1) 发送 5 亿条推特;

(2) 发送电子邮件 2940 亿封;

(3) 在 Facebook 上制作包含 3.5 亿张照片和 1 亿小时动画的 4 PB 数据;

(4) 为每个连接的汽车创建 4 TB 的数据;

(5) 在 WhatsApp 上发送 650 亿条消息;

(6) 搜索了 50 亿次;

(7) 可穿戴设备产生 28 PB 数据;

(8) 在 Instagram 上共享 9500 万张照片和视频。

大数据时代,许多应用程序需要根据快速生成的数据提供实时分析结果,并指导生产和生活实践。因此,数据处理和分析的速度通常需要达到秒级响应。传统的数据挖掘技术往往是批处理的,通常不要求实时的分析结果。

4. 数据价值高而密度低

大数据的价值是无法估量的,即使数据量处于几何指数的爆炸式增长状态,在实际生活和生产环境中,人们往往也处于信息泛滥与知识匮乏的矛盾之中,这是因为有利用价值的大数据非常少,换而言之,有用的大数据密度非常低。例如,在 24 h 的监控录像中,有价值的数据可能只存在几秒。

在大数据概念被正式提出之前,大数据主要应用于金融机构、运营商、石油开采等有能力生成高投资、高回报的行业。2011 年以来,大数据应用趋向电子商务(淘宝、拼多多)、社交(腾讯)、短视频(哔哩哔哩)、搜索(百度)、娱乐(字节跳动)等数据价值密度中等的行业。视频资料、人的行为模式、声音轨迹、气象数据等的价值密度在未来可能会持续下降。不过,虽然这些数据的价值密度较低,但数据总量比高价值数据多得多,其总市值远远超过高价值数据的市值。

1.2.2　大数据处理流程

大数据技术是围绕大数据采集、存储、分析和应用的若干技术，是一种使用非传统方法处理大量结构化、半结构化、非结构化数据，以获得分析和预测结果的数据处理与分析技术。大数据处理的主要流程如图 1.9 所示，包括数据采集、数据存储、数据处理、数据应用(可视化或 DataMining)等主要环节。下面将分别叙述相关的技术方法。

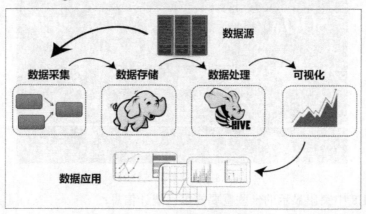

图 1.9　大数据处理流程图

1. 数据采集

数据采集是所有信息系统进行大数据处理不可或缺的首要任务。在大数据越来越深入社会各个角落的同时，数据采集面临的挑战也格外凸显。例如，多源异构的数据种类、快速变化的数据特点、数据可靠性的保证、数据的冗余性和噪声量等一系列的问题。

通常情况下，中大型项目采用微服务架构进行分布式部署，数据采集需要多台服务器同时进行，但是采集过程不能影响正常业务的开展。基于这些需求，衍生出了 Filebeat、Apache Flume、Fluent Bit、Fluented、Logstash、Logtail、Vector 等多种日志收集工具。通过简单的配置完成复杂的数据采集和数据聚合，实现高可靠性、高性能和高扩展性的数据处理方式。其中，Flume 是 Apache 旗下的一款具有高可靠性、高性能、高扩展性的开源经典数据采集系统。

2. 数据存储

最常见的数据存储方式是以快速存储结构化数据和支持随机访问的传统关系型数据库(如 MySQL、Oracle)的数据存储为主。但是，大数据时代更常见的是半结构化数据和非结构化数据，所以非关系型数据库 NoSQL 成为主流。非关系型数据库并非严格意义上的资料库。而是数据结构化存储方式。目前常用的数据结构化存储的集合方式有以下 4 种。

1) 基于列的数据库

基于列的数据库将所有数据流按列进行存储。这种存储方式不仅提高了系统的灵活性，而且简化了数据操作。它非常适合大数据，该功能满足云计算所需的相关要求。目前使用的基于列的数据库包括 ApacheHbase、Hypertable 和谷歌的 BigTable。

2) 键值对存储数据库

键值对存储数据库是指以键值的集合方式存储数据。其中，对主键的操作大大提高了查询和更改数据的速度，也便于存储海量数据。在实际场景中，大量数据的高存取负载或日志系统往往会应用键值对存储方法。使用键值对存储数据的数据库包括 MemcacheDB、BerkeleyDB、Redis 等。

3) 文档存储数据库

文档存储数据库是一种基于键值的存储方式数据库，它以特定的模式存储特定文档的结构，以便于进行复杂的数据查询和计算。大量数据、高速缓存以及站点中的 JSON(JavaScript Object Notation)数据以类似 BSON(Binary JSON)格式存储，这种格式使得数据存储和处理更加灵活。这类数据库典型的代表有 MongoDB、CouchDB 等数据库。

4) 图数据库

图数据库是一种专门用于存储和处理图结构数据的数据库。其中，数据被表示为节点(Node)和边(Edge)的集合。节点通常用于表示实体，如人、地点、事件、产品等，而边则用于表示节点之间的关系，例如人与人之间的朋友关系、地点之间的距离关系、事件之间的先后顺序关系等。图数据库将数据之间的关系提升到了与数据本身同等重要的地位，通过对节点和边的有效管理和查询，能够高效地挖掘和利用这些关系信息。

目前，基于图模型实现的主要是 Neo4j 图形数据库，另外还有 AllegroGraph、FlockDB、Neo4J、InfiniteGraph、OrientDB 等。

尽管非关系型数据库 NoSQL 的优势比较明显，但也不可避免地存在一些问题。首先，带有 SQL 结构的查询语言并不被 NoSQL 所支持，这无疑会让学习成本和使用成本大大增加。同时，因为 NoSQL 数据库没有交易，很难保证资料的完整性，所以，关系型数据库与非关系型数据库之间应该是优势互补、协同效应的，而不是对立的。通常情况下，关系型数据库是可以使用的。如果在关系型数据库中无法处理数据，则可以利用非关系型数据库进行关系型数据库的补充处理。

1.3　大数据处理系统

大数据所具有的珍贵价值已成为存储和处理大数据的原动力。2013 年，维克托·迈尔·舍恩伯格在其出版的《大数据时代》一书中强调了大数据信息时代关于数据处理概念的三大变化，即不对整体进行采样、不保证效率绝对高效、不关联不问因果。显而易见，数据处理方式是大数据中的重要技术。因此，生活中也纷纷涌现出各种类型的大数据处理系统。本节将介绍 4 种具有代表性的大数据处理系统。

1.3.1　批数据处理系统

批数据处理系统是将一组数据(一批数据)收集起来，在预定的时间或者满足一定条件之后，一次性对这些数据进行处理。这种处理方式不需要人工干预，系统会自动按照事先设定好的程序来执行。例如，一家大型连锁超市每天营业结束后，会将各个门店的销售数据收集起来形成一个数据批次，然后，在夜间通过批处理系统进行汇总、统计分析，以生成销售报表、更新库存等，从而提供给第二天的工作部门进行日常工作。因此，批处理系统适合处理周期性的任务，具有高效性和高可靠性的优点。

由于批数据处理系统是对一批数据集中进行处理，不能即时响应单个数据的变化，因此具有实时性不足的缺点。例如，针对上述大型连锁超市，当第二天有顾客购买了商品后，库存信息不能马上更新，需要等到当天夜间的下一次批处理任务执行时才会更新，这会导致库存数据的延迟和不准确。同时，批数据处理系统的灵活性较差。因为数据处理流程一旦确定，修改起来涉及多个处理步骤和大量的数据，如果需要对处理逻辑进行更改，则可能需要重新设计整个批处理作业流程，包括数据收集、处理和输出的各个环节。

谷歌公司 2003 年与 2004 年开发的 GFS 文件系统、MapReduce 编程模型是最有代表性的批数据处理系统。2006 年，Nutch 项目的一个子项目 Hadoop 实现了 HDFS 和 MapReduce 两个强大的开源产品。其中，Hadoop 中的 HDFS 负责静态数据存储的底层部分，为了分布式计算、实现模式识别和价值发现，通过 MapReduce 将计算逻辑分配到各个数据节点。Hadoop 满足了现代主流 IT 企业的一贯需求，之后在 HDFS 和 MapReduce 的基础上进行了多个项目的落地，形成了 Hadoop 第二代生态系统。

1.3.2　流数据处理系统

流数据处理系统是用于处理持续产生、不断流动的数据的数据处理系统。流数据是指在时间上连续不断产生、按照一定的序列依次到达的数据序列。例如，实时的传感器监测数据(类似气象站不断传来的温度、湿度等数据)、网络流量数据、金融市场的实时交易数据等。流数据处理系统就是要在流数据不断到来的过程中，快速且高效地对其进行分析、处理并提取有价值的信息。

由于流数据的序列中常常包含定时特性，或者存在其他顺序标签，如 IP 消息中的序列号，不同场景下的流数据通常反映不同的特性，如流速大小、数据格式、元素特性的数量等，因此，流数据处理系统需要具有良好的伸缩性，能够动态适应不确定的数据流，以便匹配海量的数据流量。同时，流数据处理系统还要具有容错异构数据分析能力及较强的系统计算能力，能够完成数据的动态清洗、格式化处理等功能。另外，流数据处理系统也需要具有基于本地数据计算并存储数据流的动态属性，因为流数据是活动的(用完即弃)，并且随着时间的推移不断增加。

流数据处理系统现在已经得到广泛的应用，典型的流数据处理系统有 Apache Beam、Swarm、COStream、ClouderaFlume、TensorFlow 等。

1.3.3　交互式数据处理系统

交互式数据处理系统是一种允许用户以交互方式对数据进行操作和分析的系统。与传统的批量数据处理系统不同，交互式数据处理系统强调用户能够即时发出指令，并迅速得到系统反馈的处理结果。根据反馈结果，用户可以进一步调整指令、提出新的查询或进行其他操作，在短时间内反复与数据进行"对话"，就像日常与人交流互动一样灵活，从而高效地探索数据，帮助不同领域的用户高效地挖掘数据价值，助力各类决策和研究活动的开展。

交互式数据处理系统主要包含友好的交互界面和响应速度，方便响应用户输入指令、查询语句等操作请求，让不同技术水平的用户都能方便地与系统交互，比如非专业编程人员也能轻松使用图形化操作工具来筛选、查看数据。同时，为了进一步加快响应速度，系统往往会设计缓存机制。当用户频繁查询某些数据或者执行相似操作时，首次查询的数据结果会被缓存起来，以便下次再请求时可直接从缓存中提取，而不需要再次从底层存储中读取，从而大大缩短了反馈时间。缓存管理策略很关键，要合理确定缓存的有效期、缓存的数据量和替换策略等。

交互式数据处理系统是由各种数据库管理系统、数据分析以及可视化工具技术组成。其中，常用的数据库管理系统包含 MySQL、Oracle、SQL Server 等，这些数据库管理系统简单易学、通用性强，适用于各类结构化数据的交互式管理和分析。数据分析与可视化工具包含 Tableau 和 Power BI。Tableau 提供直观的图形化界面，用户无须编写大量代码就能连接不同数据源的数据。Power BI 是微软开发的商业分析工具，集成了数据获取、数据建模、可视化呈现等功能，支持与多种数据源(如 Excel 文件、SQL 数据库等)相连。

1.3.4　图数据处理系统

图数据处理系统是用于处理图结构数据的系统，旨在对图结构数据进行存储、查询、分析以及挖掘其中有价值的信息。图结构数据是一种以节点(也称作顶点)和边来表示实体及实体之间关系的数据结构。节点代表各种实体(也被称为实际对象)，例如，在社交网络中代表用户，在交通网络中代表城市或交通枢纽；边则表示节点之间的关联关系，例如，社交网络中两人之间的好友关系、交通网络中城市间的道路连接情况等。因此，图数据结构能很好地表示事物之间的联系，社会的多个领域都可以用图数据结构充分表示它们的复杂信息。

图数据处理系统需要对图数据进行一系列的操作，包括图数据的存储、图数据的查询与搜索引擎以及图模式的深度分析与挖掘等。此外，由于图中的节点数和边的数目迅速增加(数以千万计甚至数以亿计)，因此图数据处理的复杂性对图数据处理系统提出了严峻的挑战。

当前主要的图形数据库包括 GraphLab、Ligra、Neo4j、X-Stream、InfiniteGraph、PowerGraph、Trinity 和 Grappa。典型的图数据处理系统主要有 Google 的 Pregel 系统、Neo4j 以及 IO-request-centric 等。

1.4　大数据的应用

数据处理完成之后的环节，隶属于数据应用的范畴，如数据可视化将数据用于优化推荐算法，诸如日常生活中的短视频个性化推荐、电子商务产品推荐、头条新闻推荐等。当然，也可以用数据来训练机器学习的模式。实际的业务需求决定了数据的应用。因为大数据的应用非常广泛，所以与前述大数据处理系统的类型相对应，对大数据的应用介绍如下。

1.4.1　批数据处理系统的典型应用

1. 互联网领域

批数据处理系统在互联网领域的应用如下：

(1) 社交网络：以人为中心的社交网络。例如，Facebook、新浪微博、微信等产生了大量不同形式的数据，如文字、图片、音视频等。这些数据的批量处理能够对社交网络进行分析，发现隐藏的人与人之间的关系，从而进行好友或者相关主题的推荐以提升用户的体验。

(2) 电子商务：在电子商务平台，每天都会有不少人产生大量的购买记录、商品页面的访问次数、商品的点评数、用户的滞留时间等数据，通过统计汇总这些数据，平台可以对商品进行数据分析，判断商品的受欢迎程度，同时也能对用户的消费行为进行分析，将相关商品推荐给顾客，提升优质顾客的数量。

(3) 搜索引擎：通过批量处理广告的相关数据，以提高广告投放效果，并增加用户点击量的大型互联网搜索引擎，如 Google 和雅虎的专业广告分析系统。

2. 安全领域

批数据处理系统在安全领域的应用如下：

(1) 欺诈检查：欺诈检查一直是金融服务机构和信息机构的工作重点。批量数据的处理能够对客户的交易和现货异常情况进行检查，并且能够对欺诈行为进行事前预警。

(2) IT 安全：企业识别恶意软件和网络攻击模型，通过处理机器产生的数据，让其他安全产品判断是否接受这些来源的通信。

3. 公共服务领域

批数据处理系统在公共服务领域的应用如下：

(1) 能源：海洋深部地震时会产生大量的数据，如用户能源数据、气象和人口公共及个人资料、历史资料、地理资料等，批数据处理系统对这些数据进行分析与处理后，可以提高关于海底石油储量的决策效率，尽可能地为用户节省资源的投入。

(2) 医疗保健：用于提供语义分析服务。一方面，医生、护士等相关人员利用语义分析服务为病人提供健康问题的解答；另外一方面，语义分析服务可以用于分析与处理病人以往的生活方式和医疗记录数据，协助医生更准确地对病人的病情进行诊断。

当然，大数据的批量处理不仅适用于以上各领域，在移动数据分析、图像处理、基础设施管理等领域，大数据的批量处理同样有用。随着人们对数据所包含价值的认识水平不断提高，人们通过挖掘数据的价值进行决策和洞察新事物的能力也在不断增长。因此，数据的批量处理可以在越来越多的领域应用并产生价值。

1.4.2　流数据处理系统的典型应用

1. 工业领域

流数据处理系统在工业领域的应用如下：

(1) 设备监控。通过在工业设备(如机床、发电机、生产线等)上安装传感器，可以实时采集设备的运行数据，如温度、压力等，以流数据的形式源源不断地传输到数据处理中心。

(2) 故障预测。利用流数据处理技术对采集的设备实时数据进行分析，例如，通过建立机器学习模型(如支持向量机、神经网络等)，可以识别设备运行数据中的异常模式。

2. 交通运输领域

流数据处理系统在交通运输领域的应用如下：

(1) 交通流量监测。在城市交通中，通过安装在道路上的传感器(如环形线圈、视频摄像头等)，可以实时采集交通流量数据，包括车辆的速度、流量、车型等信息。这些流数据可以被用于实时分析交通拥堵情况。例如，通过分析不同路段的车流量和车速，交通管理部门可以及时发现拥堵点，并通过调整交通信号灯的时间来缓解拥堵。

(2) 自动驾驶环境感知与决策。自动驾驶汽车需要实时处理大量的流数据，这些数据来自车载传感器(如激光雷达、摄像头、毫米波雷达等)。通过处理这些数据，汽车可以感知周围的环境，如识别道路、交通标志、其他车辆和行人等。然后，根据这些实时信息做出驾驶决策，如加速、减速、转弯等。

3. 金融领域

流数据处理系统在金融领域的应用如下：

(1) 实时欺诈检测。金融机构每天处理交易的数据以流数据的形式存在。通过实时监控交易数据，包括交易金额、交易时间、交易地点、交易双方等信息，利用流数据处理技术和机器学习算法(如异常检测算法)，可以快速识别出可疑的交易行为。

(2) 风险评估与预警。在金融市场中，通过实时监测股票价格、汇率、利率等市场数据的流动情况，结合金融机构自身的资产负债情况，利用风险评估模型，可以实时预警市场风险，帮助金融机构及时调整投资策略。

4. 互联网领域

流数据处理系统在互联网领域的应用如下：

(1) 网络流量分析。互联网服务提供商需要实时处理网络流量数据，包括网络带宽的使用情况、数据包的传输延迟、丢包率等。通过对流数据的分析，可以及时发现网络拥塞点，优化网络路由，提高网络性能。例如，在云计算服务中，通过实时监控网络流量数据，可以确保用户能够获得稳定的网络连接和高质量的服务。

(2) 安全检测。网络流量数据的流处理也可以用于网络安全检测。通过分析网络流量的异常模式，如突然出现的大量异常数据包、异常的访问请求等，可以识别网络攻击(如 DOSS 攻击、恶意软件入侵等)，并及时采取措施进行防范。

1.4.3　交互式数据处理系统的典型应用

1. 数据可视化与探索性分析

交互式数据处理系统在数据可视化与探索性分析中的应用如下：

(1) 商业智能(BI)仪表盘：在企业决策过程中，交互式数据处理被广泛应用于创建商业智能仪表盘。这些仪表盘允许企业管理者和分析师动态地探索数据。例如，销售部门可以通过交互式仪表盘查看不同地区、不同产品系列的实时销售数据。

(2) 科学研究可视化。在科学领域，研究人员使用交互式数据处理工具来可视化复杂的实验数据和模拟结果。在生物医学研究中，交互式数据可视化有助于研究人员分析基因表达数据。通过选择不同的基因集合或细胞类型，观察它们在不同条件下的表达模式，从而发现基因之间的相互关系和潜在的生物学机制。

2. 人工智能模型构建

交互式数据处理系统在人工智能模型构建中的应用如下：

(1) 特征选择与模型训练。在人工智能项目中，交互式数据处理可以帮助数据分析师更有效地选择特征和训练模型。例如，在信用风险评估模型构建过程中，分析师可以通过交互式界面查看不同特征(如年龄、收入、信用历史等)与信用风险之间的关系，能够快速确定最有效的特征组合，优化模型结构。

(2) 模型解释与评估。对于复杂的人工智能模型，可解释性一直是一个挑战。通过交互式工具，研究人员可以查看模型的预测结果是如何基于输入特征生成的。例如，在图像识别模型中，可以通过交互式界面查看图像的不同部分对模型最终分类结果的贡献程度。

3. 地理信息系统应用

交互式数据处理系统在地理信息系统中的应用如下：

(1) 城市规划与土地利用。在城市规划领域，交互式 GIS 系统被广泛使用。城市规划师可以通过交互式地图查看土地利用现状、人口分布、交通流量等多种数据。例如，在规划新的住宅区时，他们可以在地图上划定区域，然后查询该区域内的现有基础设施(如学校、医院、公园等)的分布情况，以及周边的交通便利性。

(2) 应急管理与灾害响应。应急管理部门可以通过交互式地理信息系统实时监测灾害的位置、范围和发展趋势。例如，在洪水灾害中，通过整合水位传感器数据、卫星图像和地形数据，生成实时的洪水淹没地图。救援人员可以在地图上标记救援资源(如救援队伍、物资仓库等)的位置，并动态规划救援路线，根据实时路况和受灾区域的变化及时调整救援策略。

4. 金融投资与风险管理

交互式数据处理系统在金融投资与风险管理中的应用如下：

(1) 投资组合分析。交互式数据处理工具为投资者提供了灵活的投资组合分析手段。投资者可以通过交互式界面输入不同的资产配置方案(如股票、债券、基金等的比例)，然后系统会实时计算投资组合的风险收益特征，如预期收益率、波动率、夏普比率等。通过动态调整资产配置和观察相应的风险收益变化，投资者能够做出更明智的投资决策。

(2) 风险模拟与压力测试。银行可以通过交互式模型模拟不同经济环境下(如经济衰退、通货膨胀等)的信贷风险。通过调整贷款违约率、利率波动等参数，观察银行资产负债表的变化和资本充足率等风险指标的波动情况。这种交互式的风险评估方式有助于金融机构提前制定风险管理策略，应对潜在的金融风险。

1.4.4 图数据处理系统的典型应用

1. 互联网领域的应用

图数据处理系统在社交网络、电子商务与在线零售、网络安全等多个互联网领域有广泛应用。

(1) 用户关系建模与社群发现。可将用户及互动关系建模为节点和边，如 Facebook 的社交图谱，借此可分析用户联系与社区结构，发现潜在好友关系和社群。

(2) 电商平台销售与服务。可构建商品关联图、用户购买行为图等，分析商品之间的关联性和用户的购买偏好，实现精准的商品推荐和个性化的购物体验。

(3) 网络安全与风险评估。构建网络攻击图、漏洞关联图等，帮助安全专家分析网络威胁的传播路径和潜在风险，及时发现和防范网络攻击。

(4) 知识图谱构建。可整合用户个人信息、兴趣点和专业知识等构建知识图谱，为深度学习和人工智能提供支持，有助于理解用户复杂关系链和兴趣偏好网络，为内容推荐、社交服务及平台的内容创作和营销策略提供数据支持。

2. 自然科学领域的应用

图数据处理系统在生物、化学、物理和地质等多种自然科学领域有广泛应用。

(1) 生物网络构建与分析。图数据可构建分析蛋白质相互作用网络，确定关键蛋白质节点，帮助研究人员理解细胞内信号传导、代谢等过程，为疾病机制研究和药物研发提供靶点。

(2) 分子结构与反应研究。通过构建分子图数据，预测药物分子活性和毒性，优化化学反应条件和合成路线。

(3) 粒子物理实验。用图数据表示粒子碰撞事件和相互作用，发现新粒子和物理规律，如大型强子对撞机实验中，借助图数据的挖掘技术发现希格斯玻色子。

(4) 在地震研究中，可以利用图数据来表示地震活动的时空分布和板块构造关系，从而预测地震发生概率和强度。例如，可以通过热力图展示地震活动分布，并结合板块构造图分析地震危险区。

3. 交通领域的应用

图数据处理系统在交通设施、路线、风险与评估等多个交通领域有广泛的应用。

(1) 交通设施维护与管理。对于已有的交通设施，图数据可以安排维护计划。将道路、桥梁等设施的状态信息(如使用寿命、损坏程度等)与交通网络图相结合，根据设施的重要性(如主干道、关键桥梁等在图中的关键节点或边)和使用情况，合理安排维护和修复工作的优先级。

(2) 公共交通网络构建。对于地铁、公交等公共交通系统，图数据可以用来表示站点之间的连接关系。边表示公交线路或地铁轨道，节点代表站点。这样的模型有助于优化公共交通线路、安排车辆调度。以地铁网络为例，通过分析图数据，可以计算不同站点之间的最短路径，为乘客提供最佳的换乘方案。

(3) 路径规划与导航。图数据在车载导航系统和手机地图中广泛应用。基于图数据的算法(如 Dijkstra 算法、A*算法等)可以根据实时交通状况为用户规划最优的行驶路径。这些算法会考虑道路的长度、通行能力、当前交通拥堵程度等因素，帮助用户快速、高效地到达目的地。

(4) 风险评估与预警。结合天气、路况、交通流量等多种因素，利用图数据对交通风险进行评估。例如，在恶劣天气条件下，某些山区道路(图中的特定边)的交通风险会显著增加。通过对图数据中各要素的综合分析，可以提前向驾驶员发布风险预警信息，提醒他们注意安全驾驶。

　　综上所述，不同类型的大数据处理系统在实际生活中都具有十分广泛的应用场景，充分证明了大数据处理技术的重要性。同时，通过上述的举例，可以看到不同的处理系统会同时运用于同一个领域。例如，流数据处理系统和图数据处理系统会同时运用于交通领域，进行风险评估与预警。需要指出的是，虽然图数据结构复杂、处理难度大，但是由于它能充分反映人类社会数据的多样性和复杂性，因此经常与其他类型的数据处理系统结合，在各个领域得到了广泛的应用。随着图数据处理中各种挑战的解决，图数据处理系统将拥有更好的应用前景。

◤ 本 章 小 结 ◥

　　本章概述了云计算与大数据处理的基本概念、工作原理及实际应用。首先，介绍了云计算的主要概念、特点、服务类型、部署方式以及云计算的发展。接着，介绍了大数据技术的概念、特征和处理流程。最后，介绍了常用的 4 种大数据处理系统的功能、特点以及不同的适用场景。本章内容为后续学习 Hadoop 平台提供了基础知识。

◤ 习 　 题 ◥

一、术语解释

1. 云计算　　　　2. 大数据　　　　3. Paas　　　　4. IaaS　　　　5. SaaS
6. 公有云　　　　7. 私有云　　　　8. 混合云　　　　9. 批处理数据

二、简答题

1. 简述云计算的体系架构及其特征。
2. 简述云计算服务类型及其主要的功能。
3. 简述大数据和云计算二者之间的区别和联系。
4. 简述大数据的概念及其特征。
5. 简述大数据处理流程的关键步骤及其功能。
6. 简述大数据处理系统主要类别及其特点。
7. 举例说明批数据处理系统的典型应用。
8. 举例说明流数据处理系统的典型应用。
9. 举例说明交互式数据处理系统的典型应用。
10. 举例说明图数据处理系统的典型应用。

第 2 章 Hadoop 平台概述

Hadoop 的英文含义是"大象",来源于开发者 Doug Cutting 儿子的玩具大象。因为大象可以承载很重的东西,所以被用来比喻 Hadoop 能够处理大规模(即体量很大)的数据集。当时,Cutting 和他的团队正在开发一个新的搜索引擎,面临着处理网络中海量数据的难题。为此,他们借鉴了 Google 的分布式文件系统(Google File System,GFS)和分布式编程模型(MapReduce,MR)的思想,开发了分布式计算平台 Hadoop,目的是帮助不懂分布式技术的用户,使他们也能够利用计算机集群的存储和计算能力处理大规模的数据集。迄今为止,Hadoop 平台一直是科研和应用领域中进行大数据处理的主流平台之一。

2.1 Hadoop 生态系统

2.1.1 Hadoop 的发展史

Hadoop 平台起源于 Apache 基金会的分布式搜索引擎 Nutch 项目。2004 年,为了解决 Nutch 搜索引擎面临的海量网络数据的难题,Nutch 项目的负责人 Doug Cutting,采用了 Google 中一篇论文"MapReduce: Simplified Data Processing on Large Clusters"的核心思想,将其与 Nutch 的分布式文件系统(Nutch Distributed File System,NDFS)结合,用作支持 Nutch 的主要搜索算法。在实际应用的过程中,MapReduce 和 NDFS 在 Nutch 项目的使用效果良好。因此,在 2006 年 2 月,它们被分离出来作为 Nutch 项目独立的分布式计算模块,成为一套完整、独立的软件系统,即 Hadoop 平台。到 2008 年年初,Hadoop 平台已成为 Apache 的顶级项目,受到世界计算机专业人员的广泛认可。图 2.1 展示了 Hadoop 发展过程中重要的技术突破及其时间节点。

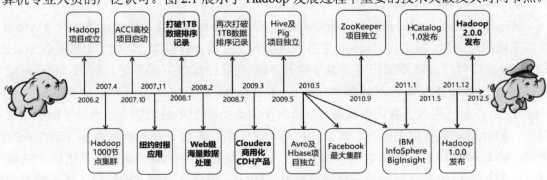

图 2.1 Hadoop 发展过程

因为 Hadoop 平台由多个具备各自特点或功能的组件共同构成，这些组件能够相互兼容并协作解决一系列大数据处理任务，如数据存储、分布式计算、数据同步、数据查询、数据分析、数据展示等，所以 Hadoop 往往被人们称为生态系统。迄今为止，两代 Hadoop 生态系统具有各自的特点、典型应用工具和适用场景，具体阐述如下。

1. 第一代 Hadoop 生态系统

第一代 Hadoop 生态系统的核心组件主要包含分布式编程模型 MR 和分布式文件系统 (Hadoop Distributed File System，HDFS)。MapReduce 在第一代生态系统中发挥了关键的数据处理作用，使开发人员能够利用已有的程序对大规模数据进行并行处理。虽然编程模式相对比较复杂，但在当时为大数据处理提供了一种可行的解决方案。HDFS 则作为数据存储的基础，能够可靠地存储海量的数据块，并且通过多个副本机制保证数据的高容错性。

1) 典型工具

(1) 数据仓库 Hive。Hive 提供了类似于结构化查询语言的 HiveQL 查询语言，以便数据分析师和非编程专业人员能够直接查询存储在 HDFS 中的数据。例如，对于简单的数据分析工作，用户可以利用 Hive 将存储在 HDFS 中的交易数据进行简单的统计分析，如计算每日销售额、统计不同地区的订单数量等。

(2) 数据分析工具 Pig。数据分析工具 Pig 具有自身的脚本语言 Pig Latin，可以简化数据处理流程。例如，对于日常工作中复杂的 ETL(Extract、Transform、Load)过程，Pig 可以从原始格式对数据进行提取、清洗和转换。

2) 应用场景

(1) 第一代 Hadoop 生态系统的应用场景主要集中在批数据处理。被处理的数据在处理之前已经完全收集和存储好，然后对所有的数据一次性进行处理。

(2) 处理的数据大多是大规模的静态数据；数据处理可以在数据收集完成后的任何时间进行，不需要实时响应。

在第一代 Hadoop 生态系统中，用户常常对大量的历史数据进行定期的分析和处理。例如，电商企业会在每天结束营业后，利用 MapReduce 和相关工具对当天的订单数据、用户浏览量数据等进行批量处理，以生成销售报表、用户行为分析报告等。

2. 第二代 Hadoop 生态系统

随着数据处理需求的多样化，特别是对实时性和高性能计算的要求，第二代 Hadoop 生态系统应运而生。第二代 Hadoop 生态系统引入了新的计算框架，如实时计算框架 Spark 和 Storm。实时计算框架的出现是为了弥补 MR 在某些场景下的不足，例如，Storm 能够在迭代计算和交互式计算场景中提供比 MapReduce 更快的实时响应速度。第二代 Hadoop 生态系统引入了新的数据系统，针对不同数据类型和应用场景，增加了新的存储系统，如分布式数据库 HBase。例如，在同一时间内，若有大量的数据库操作请求同时进行，则这种情况被称为"数据库高并发"，将对数据库的性能和稳定性提出巨大的挑战。大数据处理中的高并发是一种常见现象，HBase 能够在高并发的情况下保证数据的快速读写。

1) 典型工具

(1) 内存计算框架 Spark。Spark 是一个基于内存的开源大数据计算框架，其核心是弹性分布式数据集，允许数据在内存中缓存和重复使用，从而提高了处理速度。Spark 支持更广泛的处理模型，包括批处理、交互式查询、实时流处理和机器学习等。

(2) 分布式数据库 HBase。HBase 在互联网的用户画像构建、实时广告投放等场景中有广泛应用。例如，在用户画像构建中，HBase 可以存储海量的用户属性信息，如年龄、性别、兴趣爱好等。当需要根据用户的实时行为进行精准广告投放时，HBase 可以快速提供用户的相关信息，以便广告投放系统能够在短时间内做出决策。

2) 应用场景

第二代 Hadoop 生态系统将应用场景拓展到实时处理和更复杂的数据分析领域，使得用户在处理实时数据的同时，也能对复杂数据进行深度的挖掘。例如，金融机构可以利用 Hadoop 生态系统实时监控市场动态，同时利用复杂的数据分析模型(如风险评估模型)对海量的金融数据进行深度分析，以便做出更及时和准确的决策。

目前第二代 Hadoop 生态系统是云计算的主流环境，本书将在 2.2 节中对其原理进行详细的阐述。

2.1.2　Hadoop 与其他系统的关联

Hadoop 作为一个分布式计算平台，对于初学者而言，比较容易将其与传统的关系型数据库和网格计算的概念混淆，本书在此对它们解决问题的主要方法进行了比较。简而言之，Hadoop 对用户十分友好，非常方便用户开发和运行基于大数据处理的应用程序，它主要具有以下 4 个优点。

(1) 高可靠性。Hadoop 在数据处理、数据存储等方面表现非常优秀，值得人们信赖。

(2) 高扩展性。Hadoop 的计算机集簇可以很方便地扩展到成千上万的节点中，因此可以承接大量的数据分配任务并完成相应的计算任务。

(3) 高效性。Hadoop 能够在节点之间动态地移动数据，同时时刻保持各个节点的动态平衡，使得处理速度非常快。

(4) 高容错性。Hadoop 会为数据存储多个副本，并且必要时可以自动重新分配执行失败的任务。

1. Hadoop 与关系型数据库的区别

传统的关系型数据库适用于索引后数据集的点查询(Point Query)和更新，对于小规模的数据集来说，建立索引的数据库系统的检索和更新速度非常快。但是，对于大规模的数据集进行处理时，Hadoop 的 MapReduce 更加适用，是关系型数据库管理系统的有效补充。两者之间的具体差异如表 2.1 所示。其中，ACID 是事务处理时保证正确、可靠所必须具备的 4 个特性的英文首字母，即原子性(Atomicity)、一致性(Consistency)、隔离性(Isolation)和持久性(Durability)。从表 2.1 可以看出，Hadoop 与关系型数据库在数据处理的思路和主要方法方面有明显的区别。

表 2.1   关系型数据库和 MapReduce 之间的具体差异

处理类型	关系型数据库	MapReduce
数据大小	GB	PB
数据存取	交互式和批处理	批处理
更新	多次读/写	一次写入、多次读取
事务	ACID	无
结构	写时模式	读时模式
完整性	高	低
横向扩展	非线性的	线性的

(1) 数据结构化的程度不同。关系型数据库主要用于处理结构化数据，Hadoop 则对半结构化和非结构化数据更加有效。

(2) 数据处理效率不同。Hadoop 将数据的解释操作放在数据处理阶段执行，在提高操作灵活性的同时，避免了关系型数据库中将解释操作放在数据加载阶段的巨大开销。

(3) 数据读取方式不同。关系型数据系统往往是规范的，这样能在保证其数据完整性的同时不含冗余，但使数据记录的读取成为非本地操作，效率不高。而 MapReduce 处理数据是"一次写入、多次读取"，可以进行高速的数据流读写操作。

MapReduce 和 Hadoop 中其他的处理模型都是可以随着数据规模的改变而动态变化的。这是因为 Hadoop 平台运用了并行处理数据的思想。一般来说，若输入的数据量是原来的数倍，那么作业的运行时间也会相应增加。如果此时计算集群的规模扩展为原来的数倍，作业的运行时间就能保持不变。但是，关系数据库中的结构化查询语言一般不具备这种功能。

随着相关技术的不断发展，Hadoop 和关系型数据库之间产生了许多类似的地方。Hadoop 也在不断汲取关系型数据库的一些思想，例如，Hadoop 系统中的数据仓库 Hive 逐步变得更具交互性，增加了索引和事务处理等功能，与传统的关系型数据库类似。

2. Hadoop 与网格计算的区别

Hadoop 是一个开源的分布式系统基础架构，主要用于存储和处理大规模数据集。而网格计算则是一个集成分布式系统部件的硬件和软件系统，旨在将多个计算资源虚拟化为一个大型计算系统。两者的设计目标、数据处理方式、系统架构与组件及应用场景都有比较大的区别。

1) 设计目标的区别

如前所述，Hadoop 的核心设计是围绕 HDFS 和 MapReduce 展开的。HDFS 为大规模的数据提供分布式的存储方式；MapReduce 则为这些分布式存储的数据提供分布式计算模式。例如，淘宝网站处理海量的日志数据时，Hadoop 可以采用 HDFS 高效地存储这些日志，通过编写 MapReduce 程序来统计访问量、用户行为等信息。Hadoop 的设计目标是让用户不需要了解底层的分布式技术细节进行程序开发，充分利用集群的威力进行高速运算和存储。

网格计算是一种高性能计算模式，它通过网络集成各种分布式系统部件，如计算机系统、存储器等计算资源，形成一个虚拟的超级计算机，解决大规模的计算问题。这些计算资源可以属于不同地理位置或者组织。例如，把全球各地科研机构的计算资源整合起来，用于模拟复杂的气候模型。网格计算的设计目标是提供动态、共享的大型计算资源，以满足不断变化的需求。

2) 数据处理方式的区别

Hadoop 中的数据存储和计算模式紧密耦合。强调数据本地化(Data Locality)，即数据存储在 HDFS 中，计算任务(如 MapReduce 作业)会被调度到距离存储数据最近的服务器进行计算，以减少数据传输的成本。

网格计算通常涉及计算密集型任务，数据可能需要在多个计算资源之间传输。它使用消息传递接口等协议来控制数据流，并要求程序员对数据传输进行严格的管理。

3) 系统架构与组件的区别

Hadoop 由 HDFS、MapReduce、Yarn 等核心组件组成，形成了一个完整的生态系统，支持数据的存储、处理和分析。此外，Hadoop 还包含了许多其他项目，如 Ambari、Hive、Spark等，用于增强其功能。

网格计算没有固定的系统架构或组件，更多的是一种计算模式和理念，通过不同的技术和工具来实现。网格计算关注的是如何整合和利用分散的计算资源，而不是提供特定的存储或处理框架。

4) 应用场景的区别

Hadoop 广泛应用于大数据存储和分析领域。例如，互联网公司用于处理用户行为数据、日志数据，金融机构用于风险评估和信贷分析，电信运营商用于用户画像和网络流量分析等。

网格计算常用于科学研究领域。例如，天文学中的星系演化模拟、生物学中的基因序列分析、气象学中的气候模型计算等，这些场景需要整合大量的计算资源来处理复杂的计算问题。但是，当数据量过大时，网格计算会因网络带宽而引起瓶颈。

综上所述，Hadoop 和网格计算虽然都是分布式计算领域的重要技术，但它们在设计目标、数据处理方式、系统架构与组件以及应用场景等方面存在着显著差异。

2.2　Hadoop 系统的架构与组件

如前所述，Hadoop 已经发展成为包含多个组件的第二代生态系统，不过，其核心内容没有变，仍然是 HDFS 和 MapReduce。根据服务对象和其所属层次，Hadoop 第二代生态系统的系统架构自下而上可以分为 5 层，包括数据传输层、数据存储层、资源管理层、数据计算层和任务调度层。图 2.2 展示了 Hadoop 的系统架构。

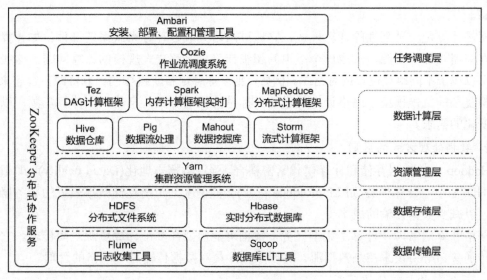

图 2.2　Hadoop 系统架构

1. 数据传输层

Hadoop 数据传输层对输入的大数据进行收集和传递，常用的组件有 Flume 和 Sqoop。

1) Flume(日志收集工具)

Flume 是 Cloudera 旗下的一个开源日志收集系统，数据从产生、传输、处理到最终写入目标路径这一过程被它抽象为数据流。在具体的数据流中，数据源支持在 Flume 中自定义数据发送方，从而收集各种不同协议下的数据。同时，Flume 数据流具有简单处理日志数据的能力，如提供了格式转换、过滤等功能。Flume 具有分布式、高可靠、高容错、定制友好、扩展性强等特点。

2) Sqoop(数据 ETL/同步工具)

Sqoop 即 SQL-to-Hadoop，顾名思义，它主要用于关系数据库、数据仓库和 Hadoop 之间的数据转移。Sqoop 利用数据库技术来描述数据架构，它的数据导入和导出功能充分利用了 MapRduce 的并行性和容错性，它本质上是一个 MapReduce 程序。

2. 数据存储层

数据存储层是 Hadoop 的核心层，负责存储收集的数据，常用组件有 HDFS 和 Hbase。

1) HDFS(分布式文件系统)

HDFS 是 Hadoop 中数据存储管理的核心。它的容错性非常强，可以检测出各种硬件故障，并给出解决方案。但是，它对硬件的要求较低，可以在低廉的通用硬件上运行，极大地降低了用户使用成本。同时，HDFS 简化了文件的一致性模型，通过流式数据进行访问，提供了高吞吐量程序数据的访问功能，适用于大规模数据集的应用程序。关于 HDFS 的具体介绍可参考本书第 3 章。

2) Hbase(实时分布式数据库)

Hbase 建立在 HDFS 之上，是一个分布式列存动态模式数据库。它的特点是基于列而非行，主要针对非结构化数据进行存储。Hbase 的优点也很突出，具有可伸缩、高可靠、高性能等特点。Hbase 主要用于存储具有随机访问、实时读写需求的大批量数据。与一般的关系数据库不同的是，Hbase 适合存储非结构化的数据。除此之外，Hbase 还提供了对大规模数据的随机、实时读写访问功能。Hbase 将数据存储和并行计算很好地结合在一起，MapReduce 可以处理在其中保存的数据。关于 Hbase 的具体介绍可参考本书第 9 章。

3. 资源管理层

作为 Hadoop 第二代生态系统的核心技术之一，Yarn 是一种新的 Hadoop 资源管理器，是一个通用的运行框架。用户只需把自己编写的框架作为客户端的一个 lib(Library 库)，便可以将自己编写的计算框架运行于该环境中。该框架提供了以下几个组件：

(1) 资源管理(ResourceManager)：负责集群资源的调度和分配等。

(2) 节点管理(NodeManager)：负责管理节点，汇报节点状态。

(3) 应用程序管理(ApplicationMaster)：负责监控各个节点具体的运行状态。

(4) 资源容器(Container)：负责分配资源。

4. 数据计算层

数据计算层也是 Hadoop 系统的核心之一，采用分布式编程思想对数据进行程序设计，其核心组件是 MapReduce。其他常用的组件还有 Tez、Hive、Pig、Mahout 等工具。

1) MapReduce(分布式计算框架)

作为一种分布式计算框架，MapReduce 常用在大规模数据集的并行运算应用场景中。MapReduce 中的映射、化简等概念与函数式编程语言非常类似，这使得对分布式并行编程并不了解的用户也能很便捷地将自己的程序运行在 Hadoop 系统中。关于 MapReduce 编程思想和作业运行机制的具体介绍可参考本书第 5、6 章。

2) Tez(DAG 计算模型)

Tez 是 Apache 旗下的一个开源的计算模型，它支持 DAG 作业。Tez 源自 MapReduce 框架，主要思想是将 Map 和 Reduce 两个操作进行进一步拆分，将分解后的元操作任意组合，产生新的子操作，然后，通过一些控制程序将新的子操作组装形成一个完整的 DAG 作业。

3) Hive(数据仓库)

Hive 是一个建立在 Hadoop 基础上的数据仓库，用于解决海量结构化的日志数据统计问题，它最早由 Facebook 设计开发。Hive 为存储在 Hadoop 文件中的数据集提供了数据整理、特殊查询及数据分析等功能。Hive 还提供了一种称为 Hive QL 的结构化数据查询语言，它与传统 RDBMS 中的 SQL 语言类似，这使得只熟悉 SQL 的用户也能够很方便地利用 Hive QL 查询 Hadoop 中的数据，从而进行 Hadoop 的应用开发。关于 Hive 的具体介绍可参考本书第 8 章。

4) Pig(数据流处理)

Pig 是基于 MapReduce 的一种 ad-hoc 数据流处理工具，它具有自身的脚本语言 Pig Latin，Pig 的编译器会将 Pig Latin 翻译为 MapReduce 程序，将脚本转换为 MapReduce 任务后在 Hadoop 上执行，对 Hadoop 数据集进行数据分析。Pig 有一个非常明显的优势，即它的结构能够承受住高度并行化的考验，拥有处理大规模数据集的能力。关于 Pig 的具体介绍可参考本书第 7 章。

5) Spark(内存计算框架)

Spark 是一个开源的分布式内存计算框架，它将中间计算结果存储在内存中。对于迭代计算和交互式查询场景，Spark 的速度可达 MapReduce 的 10～100 倍，以便解决传统 MapReduce 计算框架的性能瓶颈。同时，Spark 支持多种数据处理场景，是大数据生态中主流的计算引擎之一。

6) Storm(实时计算框架)

Storm 是一个开源的分布式实时计算框架，专为处理高吞吐量、低延迟的实时流数据而设计，它能高效处理源源不断产生的动态数据(如日志、消息、传感器数据等)，是大数据实时处理领域的核心工具之一。

7) Mahout(数据挖掘库)

Mahout 是 ASF 旗下的一个开源项目，它包含了一些主要的机器学习领域经典算法、输入/输出数据的工具以及与其他存储系统集成的数据挖掘支持架构。Mahout 的算法部分目前包含了分类、聚类、协同过滤、频繁集挖掘等数据挖掘的算法。用户可以直接调用这些算法进行大规模的数据处理。

5. 任务调度层

Hadoop 的任务调度层可对集群中的各个组件进行任务协调，保证 Hadoop 系统的正常运行。常用的组件有 ZooKeeper、Ambari 等工具。其中，ZooKeeper 是目前较为常用的组件。

1) ZooKeeper(分布式协作服务)

ZooKeeper 是 Chubby 的孪生版本，它运行在计算机集群上，用以管理 Hadoop 系统中各个组件的操作。因此，Hadoop 的许多组件都必须依赖于它。它的主要功能是解决分布式环境下的集群管理、统一命名、配置同步、状态同步等数据管理问题。关于 ZooKeeper 的工作原理介绍可参考本书第 10 章。

2) Ambari(安装、部署、配置和管理工具)

Ambari 是一种基于 Web 的配置管理工具，它支持创建、管理和监视 Hadoop 的集群，这使得 Hadoop 以及相关的大数据软件能够被更方便地使用。

3) Oozie()

Oozie()是实现 Hadoop 生态系统中工作流(Workflow)、协调任务(Coordinator)和任务批量管理(bundle)等功能的开源调度工具，它用于解决多个关联任务的按序执行、依赖管理以及定时调度等问题，能够确保数据处理流程的自动化和可靠性。

2.3　　Hadoop 系统的安装和配置

Hadoop 是面向 Linux 平台开发的，与 Linux 系统最为兼容。通过安装 Cygwin 软件模拟 Linux 环境后，Hadoop 在 UNIX、Windows、MacOSX 等各种操作系统上也能够运行。本书以在 Linux 系统上安装 Hadoop 为例，详细介绍 Hadoop 系统的安装和配置过程。

2.3.1　Hadoop 系统的安装

Hadoop 系统的底层是用 Java 语言开发的，因此 Hadoop 的编译及程序运行都需要用到

Java 开发工具包(Java Development Kit，JDK)。即使是安装伪分布式版本(Hadoop 没有区分集群和伪分布式)，Hadoop 也需要通过网络协议(Secure SHell，SSH)来启动 salve 列表中各台主机的守护进程，因此，SSH 也是必须要安装的。对于伪分布式版本，Hadoop 会采用与集群相同的处理方式，即依次启动文件 conf/slave 中记载的主机上的进程。不过，伪分布式中的 salve 是 localhost，所以伪分布式的 Hadoop 同样需要安装 SSH。

综上所述，要在 Linux 系统上安装 Hadoop，就需要先安装两个程序：JDK(1.6 及以上版本)和 SSH(推荐安装 OpenSSH)。可以在官网上下载 Hadoop 的最新版本，网址为 http://apache.etoak.com/hadoop/core/。下面以 CentOS Linux 系统为例，给出相应的安装步骤。

1. JDK 的安装步骤

JDK 的安装主要包括 3 个步骤：

(1) 下载和安装 JDK。首先，在 JDK 官网上下载 JDK 的 tar 包，JDK 版本为 jdk-8u144-linux-x64.tar.gz。在 CentOS 的目录下解压 tar 包，就可以安装 JDK 了。解压命令为"tar -zxvf jdk-8u144-linux-x64.tar.gz -C /JDK"。

(2) 配置环境变量。输入命令，打开 profile 文件 vi/etc/profile；在文件的最下面输入如下内容：

① exportJAVA_HOME=jdk 路径。

② exportPATH=$PATH:$JAVA_HOME/bin。

③ exportPATH=$PATH:$JAVA_HOME/bin。

(3) 验证 JDK 是否安装成功。输入命令 java-version，可以验证 JDK 是否安装成功。

2. SSH 配置

Hadoop 系统需要依赖 SSH 对整个集群执行相关操作。在 SSH 安装完成后，需要同时创建一个公钥和私钥的方式，允许集群内机器的 HDFS 用户和 Yarn 用户使用免密登录的方式登录到集群中的其他机器上。同样以 CentOS 为例，假设用户名为 master、slave1、slave2，则 SSH 配置步骤如下：

(1) 互联网连接确认，输入命令 sudo apt-get install ssh。

(2) 配置免密登录设置。首先，在 master 下输入命令 ssh-keygen -t rsa，该命令会在 master 下生成公钥和私钥；然后，在公钥配置所连接机器的"~./ssh/authorized_key"文件中输入命令 ssh-copy-id node2(连接机器的用户名)，免密登录该机器。

(3) 验证 SSH 是否成功。输入命令 ssh node2(连接机器用户名)，确认免密登录设置是否完成。

3. 安装并运行 Hadoop

安装 Hadoop 时，需要先登录 Hadoop 官网下载 Hadoop 的 tar 包。进入官网后，下载 hadoop- 2.6.4.tar.gz 并解压。在进行 Hadoop 的安装之前，先来简单回顾 Hadoop 各个节点的含义：

(1) 工作集群方式分为主机和从机方式，即划分为 master 和 slave。

(2) 从 HDFS 角度将主机分为 NameNode 和 DataNode。

(3) 从 MapReduce 角度将主机分为 JobTracker 和 TaskTracker。

Hadoop 的运行方式有 3 种，分别是单节点方式、单机伪分布式和完全分布式集群模式，前两种方式主要用来测试和调试程序。

(1) 单节点方式。安装单节点 Hadoop 不需要配置。在这种方式下，Hadoop 被认为是 Java 的一个单独进程。这种方式多用于调试程序。

(2) 单机伪分布式。在单机伪分布式下，Hadoop 被看作一个节点的集群，在集群中该节点既是 master，也是 slave，同时既是 JobTracker，也是 TaskTracker。单机伪分布式的配置过程比较简单，只需要修改几个配置文件即可。

(3) 完全分布式集群模式。完全分布式即创建 Hadoop 集群，通过配置多个机器来完成。完全分布式集群模式的配置和单机伪分布式的配置相似，其具体操作方法会在 2.3.2 小节中详细讲解。最后验证 Hadoop 是否安装完成。打开浏览器，输入网址 http://localhost:50030，若网页能够打开且能正常运行，则证明 Hadoop 安装成功。

2.3.2　Hadoop 的配置

Hadoop 安装中会用到多个配置文件，表 2.2 列举了重要的几个文件，这些文件都位于 Hadoop 分发包的 etc/hadoop 配置目录中。配置目录可以被重新安置在文件系统的其他地方 (例如，Hadoop 安装路径的外面)，只要启动守护进程时使用配置选项(或等价地使用 HADOOP_CONF_DIR 环境变量集)说明该目录在本地文件系统的位置即可。

表 2.2　Hadoop 的配置文件

文件名称	格　式	描　　述
hadoop-env.sh	Bash 脚本	脚本中要用到的环境变量，用于运行 Hadoop
mapred-env.sh	Bash 脚本	脚本中要用到的环境变量，用于运行 MapReduce(覆盖 hadoop-env.sh 中设置的变量)
yarn-env.sh	Bash 脚本	脚本中要用到的环境变量，用于运行 Yarn(覆盖 hadoop-env.sh 中设置的变量)
core-site.xml	Hadoop 配置 XML	Hadoop Core 的配置项，如 HDFS、MapReduce 和 Yarn 常用的 I/O 设置等
hdfs-site.xml	Hadoop 配置 XML	Hadoop 守护进程的配置项，包括 NameNode、辅助 NameNode、DataNode 等
mapred-site.xml	Hadoop 配置 XML	Map Reduce 守护进程的配置项，包括作业历史服务器
yarn-site.xml	Hadoop 配置 XML	Yarn 守护进程的配置项，包括资源管理器、Web 应用代理服务器和节点管理器
slave	纯文本	运行 DataNode 和节点管理器的机器列表(每行一个)
hadoop-metrics2. properties	Java 属性	控制如何在 Hadoop 上发布度量的属性
log4j.properties	Java 属性	系统日志文件、NameNode 审计日志、任务 JVM 进程的任务日志的属性
hadoop-policy.xml	Hadoop 配置 XML	安全模式下运行 Hadoop 时的访问控制列表的配置项

1. 格式化文件系统

Hadoop 文件系统在启动前需要进行系统文件格式化，即输入命令 hadoop NameNode-format。若屏幕出现结果 Exiting with status 0，则表示系统文件格式化成功。

2. 启动 HDFS

首先，开启 Hadoop HDFS 服务，输入命令 start-dfs.sh。启动后，可以通过输入命令 jps 参看进程，若屏幕出现结果 NameNode，则表示成功。

3. 启动 Yarn

首先，输入命令 start-yarn.sh，启动后，同样可以通过 jps 来判断启动是否成功，或者也可以通过 Web 进行验证，输入地址 http://node:8088/即可。

4. 管理 JobHistoryServer

若想要通过 Web 控制台查看集群计算的任务的信息，则需要启动 JobHistoryServer，输入命令 mr-jobhistory-daemon.sh start HistoryServer，然后，访问 http://node:19888/，就可以查看任务执行的历史信息。

5. 集群验证

首先，在 HDFS 中创建一个 input 文件夹，输入命令 hadoop fs mkdir /input；或者 hadoopfs-put /hadoop/etc/hadoop/core-site.xml/ input；也可以自己写一个 txt 文件后上传。然后，在目录 /hadoop/share/hadoop/mapreduce 的文件下运行命令 hadoop jar hadoop-mapreduce-examples-2.9.0.jar wordcount /input/output。

注意，不需要自己创建 output 文件夹，因为该命令会自动创建。最后，只需输入命令 hadoop fs-cat/output/*，即可查看 output 文件夹的结果。

2.4　Hadoop 网络拓扑与管理

Hadoop 网络拓扑是指 Hadoop 集群中各个节点之间的网络连接方式和布局。它对于数据的高效存储、传输以及任务的合理分配和执行有着至关重要的作用。良好的网络拓扑结构与管理能够减少网络延迟、提高带宽利用率，从而提升整个 Hadoop 集群的性能。同时，Hadoop 通过对配置文件设置相关参数来优化网络拓扑感知，进行数据的存储和任务调度。

2.4.1　Hadoop 网络拓扑结构

在 Hadoop 生态系统中，节点是指构成集群的单个计算机实体。这些节点协同工作，以实现分布式存储和计算任务。每个节点都能够运行特定的 Hadoop 组件，并且具有自己的计算资源(如 CPU、内存)和存储资源(如硬盘空间)。根据节点在 HDFS 中的不同功能，Hadoop 系统主要包括两种类型的节点：名称节点(NameNode)和数据节点(DataNode)。其中，NameNode 是 HDFS 的核心节点，管理着文件系统的各种信息。同时，它还维护数据块(Data Block)与存储这些数据块的 DataNode 之间的映射关系。DataNode 是存储数据的节点，负责客户端数据块的读写请求，并将数据存储在本地文件系统中。这两类节点在 HDFS 中具有重要的作用，它们的工作原理将在第 3 章进行详细解释。根据节点之间连接方式的不同，Hadoop 网络拓扑分为扁平网络拓扑和分层网络拓扑两种结构，具体阐述如下。

1. 扁平网络拓扑结构

在扁平网络拓扑结构中，所有的节点都连接在同一个网络交换机上，它们之间的通信路径相对简单直接。这种结构类似于一个局域网环境，没有复杂的层次划分。

扁平网络拓扑结构的优点和缺点分别如下：

(1) 优点：易于搭建和维护，成本较低。因为节点之间的通信路径比较短，数据传输的延迟相对较小，在小规模的数据交互场景下表现良好，所以适用于小规模的 Hadoop 集群。

(2) 缺点：扩展性有限。当集群规模不断扩大时，单个交换机的端口数量和带宽可能会成为瓶颈。同时，大量节点连接到同一个交换机上可能会导致网络拥塞，影响数据传输的效率。

2. 分层网络拓扑结构

分层网络拓扑结构通常包括核心层、汇聚层和接入层。在 Hadoop 集群中，核心层交换机连接各个汇聚层交换机，汇聚层交换机再连接多个接入层交换机，DataNode 连接到接入层交换机。NameNode 可以连接到核心层或者汇聚层交换机，这取决于具体的网络规划和性能要求。

分层网络拓扑结构的优点和缺点分别如下：

(1) 优点：具有良好的扩展性。可以通过增加汇聚层和接入层交换机来方便地添加更多的 DataNode，适应大数据集群的增长需求。这种结构能够有效地隔离网络流量，减少广播风暴等网络问题的影响。例如，在不同的接入层之间可以通过汇聚层和核心层进行有控制的通信，避免不必要的网络干扰。

(2) 缺点：网络架构相对复杂，需要更多的网络设备和布线，成本较高。同时，网络的配置和管理难度也相应增加，需要专业的网络工程师进行维护和优化。而且由于数据传输可能需要经过多个交换机层次，在一定程度上会增加网络延迟。

值得注意的是，Hadoop 通过网络拓扑感知来优化数据的存储和任务调度。它将网络划分为不同的机架(Rack)，在系统的配置文件中通过配置参数指定一个脚本，该脚本可以用来确定每个节点所属的机架。Hadoop 会尽量将数据块的副本存储在不同的机架上，以提高数据的可靠性。例如，当一个数据块有 3 个副本时，一个副本可能存储在本地机架的一个 DataNode 上，另外两个副本存储在其他机架的 DataNode 上。当某个机架出现故障(如网络故障、电源故障等)时，仍然可以从其他机架获取数据副本，从而保证数据的可用性。在任务调度时，Hadoop 会优先考虑将任务分配到数据所在的机架内的节点，以减少跨机架的数据传输，提高网络带宽的利用率和任务执行效率。

例如，图 2.3 是一个两层的分层网络拓扑结构。通常情况下，每台用来安装服务器的机架会安装 30 台左右的服务器，共享一台约 1 GB 带宽的网络交换机。在所有的机架之上，需要安装一台核心交换机或者路由器，通常其网络交换能力应该是以 GB 为单位或以更高的单位为单位。

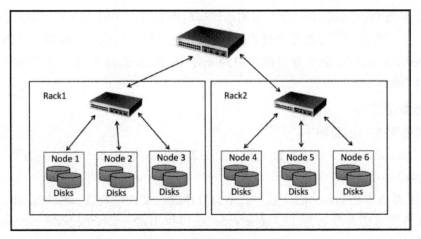

图 2.3　分层网络拓扑结构

图 2.3 中有两个网络位置：交换机/机架 l(Rack1)和交换机/机架 2(Rack2)，只有一个最高级别的交换机。所以，该网络拓扑可描述为 Rack1 是机架 1，Rack2 是机架 2。Hadoop 通常使用树状结构来描述网络拓扑结构、服务器节点及机架在网络中的位置。如前所述，根据网络拓扑感知，这个树状结构可以确定不同节点间的距离，成为 Hadoop 做决策时的重要参考因素。

配置 Hadoop 网络结构时，需要确定节点地址和其网络位置的映射。在图 2.3 的实例中，可以将节点 1、节点 2、节点 3 映射到 I 机架 1 中，将节点 4、节点 5、节点 6 映射到 I 机架 2 中。因此，系统有一个默认的接口实现网络位置的映射。如果用户没有定义映射，则它会将所有的节点映射到一个网络位置中默认的机架上；否则这个网络的位置将会受到系统控制。Hadoop 系统必须获取一批主机的 IP 地址作为参数进行映射，同时生成一个标准的网络位置给输出端。

2.4.2　Hadoop 网络节点动态管理

Hadoop 网络节点动态管理是指在 Hadoop 集群运行过程中，能够灵活地添加或移除计算节点的过程。这对于 Hadoop 系统应对数据量的变化、工作负载的波动以及硬件资源的更新等情况非常重要。例如，Hadoop 系统在数据处理高峰时期，往往需要添加节点以提高处理速度，在低峰时期移除节点以降低成本。

管理大型集群时，有些机器可能会出现异常，这时就需要把它从集群中清除，等待修复好后再加入集群。如果每次都是通过修改 slave 文件，然后格式化集群进行处理，则不但浪费大量时间，而且还会影响正在执行的任务。因此，正确的做法是优先在主节点上做好配置工作，然后在具体机器上进行相应进程的启动/停止操作。HDFS 默认的超时时间为 10 min 30 s。

Hadoop 上的心跳(heartbeat)监控进程会定期地检测已注册的数据节点的心跳包，每一次检测间隔默认的时间是 5 min。同时，Hadoop 会利用 dfs.NameNode.stale.DataNode.interval 表示 NameNode 判定 DataNode 失效的时间间隔。心跳间隔(dfs.heartbeat.interval)的默认时间是 3 s, 根据 DataNode 上一次发送的心跳包时间和现在的时间差是否超出规定的时间, NameNode 会判断它是否已处于"死亡(dead)"状态。需要注意的是配置文件 hdfs-site.xml 中的 heartbeat.recheck.interval 属性的单位为 ms, 而 dfs.heartbeat.interval 的单位为 s。以下是动态增删 DataNode 的步骤。

1. 修改配置文件

修改配置文件的步骤如下:

(1) 在 NameNode 下修改配置文件, 如果集群版本为 Hadoop0.x, 则配置存储在文件 conf/hadoop-site.xml 中。

(2) 若集群版本是 Hadoop2.x 版本, 则需要注意, 文件位置为 conf/hdfs-site.xml, 需配置安装与配置管理的参数名为 dfs.NameNode.hosts 和 dfs.NameNode.hosts.exclude。

具体参数说明如下:

① dfs.hosts 定义了允许与 NameNode 通信的 DataNode 列表文件, 如果值为空, 则所有 slave 中的节点都会被加入这个许可列表。

② dfs.hosts.exclude 定义了不允许与 NameNode 通信的 DataNode 列表文件, 如果值为空, 则 slave 中的节点将没有一个会被阻止通信。

2. 添加一个节点

添加一个节点的步骤如下:

(1) 新的 DataNode 节点做好相关配置工作(SSH 配置、Hadoop 配置、IP 配置等)。

(2) 主节点上的 slave 文件列表加入 DataNode 的主机名(方便以后重启 cluster 用)。

(3) 若有 DataNode-allow.list 文件, 则在主节点的 DataNode-allow.list 中加入 DataNode 的主机名; 若没有, 则可以自己创建后加入。

(4) 在该 DataNode 上启动 DataNode 进程, 运行 hadoop-daemon.shstart DataNode。

3. 删除一个节点

删除一个节点的步骤如下:

(1) 在主节点上修改 DataNode-deny.list(若没有, 则可以自己创建), 添加要删除的机器名。

(2) 在主节点上刷新节点配置情况: hadoop dfs admin-refreshNodes。

(3) 此时在 WebUI 上就可以看到该节点已经变为 decommissioning 状态, 再过一会就变为 dead 状态。也可以通过 hadoop dfs admin-report 命令查看节点的状态。

(4) 在 slave 上关闭 DataNode 进程(非必需), 运行 hadoop-daemon.sh stop DataNode。

4. 重新加入各个被删除的节点

重新加入各个被删除的节点的步骤如下:

(1) 在主节点上的 DataNode-deny.list 删除相应节点。

(2) 在主节点上刷新节点配置情况: hadoop dfs admin-refreshNodes。

(3) 在欲加入的节点上重启 DataNode 进程: hadoop-daemon.sh start DataNode。

注意: 若之前没有关闭该 slave 上的 DataNode 进程, 则需要先关闭再重新启动。

值得一提的是, 如果在 Hadoop 操作过程中遇到任何问题, 可以查看日志信息。Hadoop

中记录有详细的日志信息，日志文件保存在 logs 文件夹内。无论是启动和运行，还是之后经常用到的 MapReduce 中的每一个 Job 以及 HDFS 等相关信息，Hadoop 都有相关的日志文件以供分析。因此，学会查看日志信息是非常重要的。

▲▼ 本 章 小 结 ▼▲

本章概述了 Hadoop 平台的基础知识。首先，介绍了 Hadoop 的发展历史，以及 Hadoop 与关系型数据库和网格计算的比较。接着，介绍了 Hadoop 包含的多个组件的生态系统以及不同组件的主要功能。在此基础上，进一步介绍了 Hadoop 安装和配置中的关键技术和步骤。最后，介绍了 Hadoop 网络的拓扑结构与节点动态管理，为后续分布式文件系统 HDFS 的学习奠定了基础。

▲▼ 习　题 ▼▲

一、术语解释

1. HDFS　　　2. NFS　　　3. ZooKeeper　　4. Pig　　　5. Yarn
6. SSH　　　7. MapReduce　8. Flume　　9. Hive　　10. Sqoop
11. Hbase　　12. HeartBeat

二、简答题

1. 简述 Hadoop 与关系数据库和网格计算的区别。
2. Hadoop 第二代生态系统主要包含哪几个层次？举例说明每个层次的作用。
3. Hadoop 集群配置的方式主要有哪几种，各自有什么特点？
4. 简述 Hadoop 的配置流程。
5. 简述 Hadoop 平台的 ZooKeeper 在集群中的重要作用。
6. 简述 Hadoop 节点动态管理的主要功能及其优点。
7. 在 Hadoop 平台中，如何添加新的节点到集群中？

第 3 章　分布式文件系统 HDFS

分布式文件系统(Hadoop Distributed File System，HDFS)是 Hadoop 生态系统中的存储系统。HDFS 的目标是在大量普通硬件设备构成的集群上运行，具有高容量和高容错性的特点。其中，HDFS 将数据分割成多个数据块(Data Block)，分布存储在集群中的不同节点上，提供高容量的数据存储服务。同时，通过数据块的副本存储机制，HDFS 在部分组件(如服务器、磁盘)故障时能从其他副本中恢复数据，保证数据的可用性。本章从文件系统的基本概念开始，逐步深入地介绍 HDFS 的概念及其基本工作原理。

3.1　文件系统简介

文件系统是操作系统用于明确存储设备(如硬盘、U 盘等)上的文件组织和存储方法。它主要负责管理文件的存储、检索和更新。1965 年，Multics(UNIX 的前身)设计了详细的文件系统用于解决信息的长期存储问题，使得文件系统成为多用户、单节点操作系统的重要组成部分。在最初的文件系统中，信息以文件的形式存储在磁盘或者其他外部介质上。用户通过文件的方式进行信息的读取或者写入。

文件系统包括了文件的结构、命名、存取、使用、保护和实现。作为一种抽象机制，命名方法是文件最重要的特征之一。各种文件系统的文件命名规则略有不同，但都支持由一定长度的字符串作为文件名。某个具体应用在开始时，需要通过指定文件名来创建文件，文件在该应用结束后仍然存在，其他应用也可以使用该文件名对它进行操作。通常，文件内容(或数据)作为无结构的字节序列保存。另外，文件系统也会提供文件其他的信息，例如，文件创建日期、文件长度、创建信息、引用计数等。这些信息被称为文件属性，有时也称为元数据。

3.1.1　目录与目录树

目录(或者称为文件夹)是文件系统中重要的概念，它可以包含一组文件或者一些其他目录，实现有组织地存储文件。一个目录可能包含一组文件或者一些其他目录(称为子目录)，这些目录和文件构成了一个层次结构(即目录树)，如图 3.1 所示。

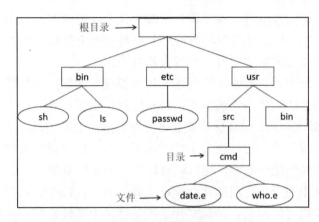

图 3.1　文件目录树

在目录树中，需要通过路径来指明文件名。路径名描述了在文件系统中确认某个文件位置的过程。路径名是一个分量名序列，各分量名之间用分隔符(在 Linux 和 Hadoop 分布式文件系统中，分隔符是斜杠符"/")隔开。分量名是一个字符序列，指明被唯一地包含在前缀(父目录)中的文件名称。一个完整的路径名由一个分隔符(为了方便讨论，后面采用斜杠符"/"作为分隔符)开始，从文件系统的根(没有祖先的目录)开始，沿着该路径后继名所在的分支，逐步遍历文件树，找到最终的文件名。

值得注意的是，路径名包含绝对路径和相对路径两种类型。其中，绝对路径是指从根目录开始，由根目录到文件的路径组成；相对路径不是从根目录开始，而是从工作目录(也称当前目录)开始到文件的路径。相对路径需要和工作目录一起使用。用户可以指定一个目录作为当前的工作目录。例如，如果某个文件 file 的当前工作目录是"/usr/text"，则它的绝对路径表达就是"/usr/text/file"，相对路径可以简单地用"file"引用。

3.1.2　文件管理器

文件管理器是一种工具软件，它主要用于管理计算机系统中的文件和文件夹。在操作系统中，文件管理器提供了可视化的界面，以帮助用户方便地浏览文件和文件夹的层次结构。在 Windows 操作系统的"资源管理器"中，用户可以看到计算机中各个磁盘分区下的文件夹和文件的分布情况。文件管理器主要有以下作用。

1. 文件和文件夹的管理

文件管理器可以帮助用户浏览与导航文件和文件夹。它能以直观的方式展示存储设备中的文件和文件夹的层级关系，让用户方便地查看不同目录下的内容，就像在资源管理器中，通过目录树查看计算机各个磁盘分区的文件夹一样。文件管理器的主要功能如下。

(1) 创建与删除。用户可以使用文件管理器轻松地创建新的文件夹来整理文件，或者删除不需要的文件和文件夹，从而有效管理磁盘空间。

(2) 复制、移动和重命名。文件管理器方便用户将文件从一个位置复制或移动到另一个位置，也可以对文件和文件夹进行重命名，使文件管理更加灵活。

2. 文件操作管理

(1) 查看文件信息。在文件管理器中，可以查看文件的多种属性，如大小、类型、创建时间、修改时间、访问权限等，帮助用户了解文件的详细情况。

(2) 文件搜索。在文件管理器中，当用户不清楚文件位置时，能够依据文件名、文件类型、修改日期等条件快速定位文件，节省查找时间。

在一个计算机系统中，大容量的磁盘常常被设置成为逻辑上不同的存储设备，文件管理器可以帮助不同的存储设备设置所需的目录层次，也可以将这些不同的层次组合成一个单独的系统。例如，在 U 盘或者移动硬盘等可移动媒体上的信息，可以被文件管理器组织成一个具有单独的根目录，通过根目录可以遍历所有文件的层次结构。当这些存储设备的单个根目录的文件集合在一起时，也可以被称为一个文件系统。

文件系统也可以作为一个有用的文件管理单元。例如，UNIX 系统的文件系统操作包括加载文件系统和卸载文件系统。加载文件系统是将某个文件系统"嫁接"到另一个文件系统的目录层次中。例如，有两个不同的文件系统，分别是文件系统 1 和文件系统 2，它们是存储在不同介质上(如两个不同的磁盘)的单根目录树。如果将文件系统 2 加载到文件系统 1 的 /home 目录下，就可以通过 /home/user1 访问文件系统 2 原有目录结构下 /user1 的目录内容了，如图 3.2 所示。卸载文件系统则是将某一个已经加载的文件系统卸载。

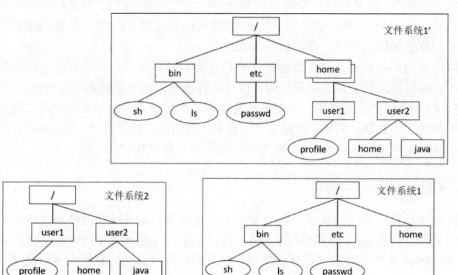

图 3.2   具有单个根目录的文件系统

3.2   分布式文件系统

分布式文件系统(Distributed File System，DFS)是一种将文件存储在由网络连接的不同存储节点上的文件系统。与传统集中式文件系统不同，分布式文件系统能够跨越多个服务器或存储设备来存储和管理文件，使得文件存储不再被单个存储设备的容量和性能所限制，能够提供高可用性、高可扩展性和高性能的文件存储服务。

3.2.1　NFS 协议

NFS(Network File System)是一种分布式文件系统协议，它允许用户在网络上共享文件和目录，使得不同的计算机系统能够像访问本地文件系统一样访问远程服务器上的文件。NFS 主要应用于 UNIX 和类 UNIX 系统之间的文件共享，也有一些方法可以让 Windows 系统访问 NFS 共享文件。

NFS 采用典型的客户端-服务器架构。服务器端运行 NFS 守护进程(如在 Linux 系统中是 nfs-daemon)，负责管理共享的文件和目录，将这些文件系统资源提供给客户端。客户端通过挂载(mount)操作，将远程服务器上的共享文件系统挂载到本地文件系统的一个挂载点上，就好像这个共享文件系统是本地的一部分一样。基于 UNIX 系统的 NFS 体系结构如图 3.3 所示。NFS 客户端属于虚拟文件系统(Virtual File System，VFS)的一个文件系统。应用程序对文件进行操作时，内核处理完与文件系统无关的操作后，调用 NFS 客户访问存储在远程服务器上的文件。

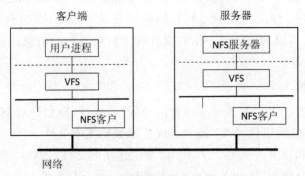

图 3.3　基于 UNIX 系统的 NFS 体系结构

NFS 基于远程过程调用(Remote Process Call，RPC)来实现客户端和服务器之间的通信。当客户端需要执行一个文件操作(如读取文件、写入文件、创建目录等)时，它会通过 RPC 向服务器发送请求。服务器收到请求后，执行相应的操作，并将结果返回给客户端。这种方式使得文件操作能够在网络环境下透明地进行，客户端感觉就像是在本地操作文件一样。从原理上讲，NFS 的操作与客户端或服务器端的操作系统无关，能够很大程度地独立于本地文件系统。

NFS 提供的文件模型几乎与 Linux 系统所提供的文件模型一致：文件名是字节序列，被组织到目录树中表达；文件具有文件名，通过类似 Linux 的文件句柄访问。也就是说，若要访问一个文件，则客户需要通过文件名获得对应的句柄。

3.2.2　NFS 文件操作

NFS 文件操作包含服务器端和客户端两种方式，主要操作方法分别阐述如下。

1. 服务器端共享文件和目录

(1) 编辑配置文件。在大多数的 UNIX 系统中，NFS 服务器的配置文件是"/etc/exports"，用于指定共享目录及允许访问的客户端和访问权限。

(2) 重启服务。如果修改了配置文件"/etc/exports"，则需要重启 NFS 服务器守护进程使配置生效。

2. 客户端挂载共享文件系统

(1) 使用 mount 命令挂载。以 Linux 系统为例，假如服务器的 IP 地址为 192.168.1.100，共享目录为"/data/share"，要挂载到本地的"/mnt/remote_data"目录(该目录必须是一个已存在的空目录)，则可以使用命令"mount -t nfs 192.168.1.100:/data/share /mnt/remote_data"。

(2) 查看挂载情况。挂载成功后使用"df - h"命令可以查看文件系统的挂载情况。该命令会显示所有已挂载文件系统的基本信息，如文件系统大小、已用空间、可用空间等。

3. 文件读取操作

(1) 查看文件内容。一旦挂载成功，就可以像操作本地文件一样读取 NFS 共享文件。例如，使用"cat"命令查看文本文件内容。如果在挂载目录"/mnt/remote_data"中有一个名为"document.txt"的文件，则可以使用"cat /mnt/remote_data/document.txt"来查看文件内容。

(2) 浏览目录内容。使用"ls"命令可以浏览 NFS 共享目录下的文件和子目录。例如，"ls -l /mnt/remote_data"可以列出目录下所有文件和子目录的详细信息，包括文件大小、创建日期、所有者和权限等。

4. 文件写入操作

(1) 修改文件内容。根据服务器端设置的访问权限，可能允许对 NFS 共享文件进行修改。例如，使用文本编辑工具"vi"或"nano"来编辑文本文件。

(2) 创建新文件和目录。使用"touch"命令创建新的文件。例如，创建一个名为"new_file.txt"的新文件的命令为"touch /mnt/remote_data/new_file.txt"。

使用"mkdir"命令可以创建新的目录，例如，创建一个新的目录"new_dir"的命令为"mkdir /mnt/remote_data/new_dir"。

5. 权限操作

(1) 查看文件和目录权限。在 NFS 共享文件系统中，可以使用"ls -l"命令查看文件和目录的权限。例如，显示每个文件和目录的权限位的命令为"ls -l /mnt/remote_data"。权限位通常以"rwx"(读、写、执行)的格式表示所有者、组和其他用户的权限。

(2) 修改权限。如果有足够权限，则可以使用"chmod"命令修改文件和目录的权限。例如，要将"new_file.txt"文件的权限设置为所有者都具有读、写和执行等权限，则可以使用命令"chmod 755 /mnt/remote_data/new_file.txt"来实现。其中，组和其他用户具有读和执行权限。

6. 卸载操作

当不再需要访问 NFS 共享文件系统时，可以使用"umount"命令对其进行卸载。例如，要卸载之前挂载的"/mnt/remote_data"目录，则使用命令"umount /mnt/remote_data"来实现。在卸载之前，要确保没有程序正在访问该挂载目录下的文件，否则可能会导致错误。

NFS 版本 3 和版本 4 支持的一些文件操作如表 3.1 所示。

表 3.1　NFS 支持的文件操作

操作	版本 3	版本 4	描　　　述
lookup	有	有	根据文件名查找文件
open	无	有	打开一个文件
read	有	有	读取文件中包含的数据
write	有	有	向文件中写入数据
close	无	有	关闭一个文件
getattr	有	有	获取文件的属性值
setattr	有	有	修改文件的一个或多个属性
create	有	无	创建一个文件
create	无	有	创建一个特殊文件，如目录
remove	有	有	从文件系统中删除一个文件
rename	有	有	更改文件名
mkdir	有	无	在给定目录下创建一个子目录
rmdir	有	无	从一个目录中删除一个空的子目录
readdir	有	有	读取一个目录下的项目

3.3　HDFS 体系结构

作为具有高容错特征的分布式文件系统，HDFS 可以部署在廉价的通用硬件上，能够实现高吞吐率的数据访问，适合需要海量数据处理的应用程序。

3.3.1　HDFS 常用概念

1. 数据块

数据块是磁盘进行数据读/写的最小单位，文件系统通过磁盘的数据块来管理该文件系统中的块文件，文件系统中块的大小可以是数据块的整数倍。HDFS 的数据块(block)默认为 128 MB，HDFS 文件也可以被划分为不同大小的多个分块(chunk)，作为独立的存储单元。在 HDFS 系统中，小于一个数据块大小的文件不会占用整个块的空间(例如，2 MB 文件存储在一个数据块时，该文件只占用 2 MB 的磁盘空间，而不是 128 MB)。HDFS 系统中数据块的设定有如下优势：

(1) 在 Hadoop 集群中，对大于任意一个磁盘容量的文件，文件的所有块可以利用集群上的任意一个磁盘进行存储。

(2) 数据块大小是固定的，这样便于计算单个磁盘能存储的块数，从而简化数据的存储管理。

(3) 由于 HDFS 存储的是数据块，而文件的元数据(如权限信息)并不需要与块一同存储，因此其他系统可以单独管理元数据。

(4) 将每个数据块复制到少数几台物理上相互独立的机器上(默认为 3 个)，可以确保出现故障后数据不会丢失，适合整个数据备份，提高了数据的容错能力和可用性。

2．节点类型

如图 3.4 所示，HDFS 系统包含两种类型的节点：名称节点(NameNode)和数据节点(DataNode)。

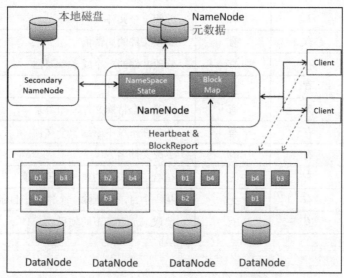

图 3.4   HDFS 系统架构

一个 HDFS 系统只包含一个 NameNode 和多个 DataNode。

1) NameNode

NameNode 的功能如下：

(1) 管理文件系统的命名空间，维护文件系统树及整棵树内所有的文件和目录。所有的信息都永久保存在本地磁盘中，只采用两种文件形式：命名空间镜像文件和编辑日志文件。

(2) 记录着所有块所在的 DataNode 信息，但是不永久保存块的位置信息。因为所有的块在系统启动时会根据 DataNode 信息重新构建。

2) DataNode

DataNode 的功能如下：

(1) 根据需要存储并检索数据块(受客户端或 NameNode 调度)；

(2) 定期向 NameNode 发送它们所存储的块的列表。

因为管理节点 NameNode 只有一个，文件系统无法根据 DataNode 的块重建文件，NameNode 毁坏会导致所有的文件丢失，所以，Hadoop 对 NameNode 提供了两种重要的容错机制。

(1) 备份包含元数据持久状态的文件。Hadoop 通过配置使 NameNode 在多个文件系统上保存元数据的持久状态。其中，备份操作是实时同步的，即持久状态备份到本地磁盘的同时，也备份到了远程的网络文件系统 NFS 中。

(2) 运行辅助 NameNode，即 Secondary NameNode。但是，Secondary NameNode 不是

NameNode 的备份。Secondary NameNode 的重要作用是定期合并编辑日志与命名空间镜像，以防止编辑日志过大。

Secondary NameNode 在单独的物理计算机上运行，需要占用大量的 CPU 时间，并且需要与 NameNode 同样大的内存执行合并操作。它会保存合并后的命名空间镜像的副本，并在 NameNode 发生故障时启用。但是，Secondary NameNode 保存的状态总是滞后于主节点 NameNode，当所有的主节点都失效时，难免会丢失部分数据。因此，此时需要把存储在 NFS 上的 NameNode 元数据复制到 Secondary NameNode，作为新的主节点 NameNode 运行。

3. 块缓存

通常 DataNode 从磁盘中读取块，但对访问频繁的文件，其对应的块可能被显式地缓存在 DataNode 的内存中，以外块缓存(Off-heap Block Cache)的形式存在。默认情况下，一个块仅缓存在一个 DataNode 的内存中，针对每个文件配置 DataNode 的数量。

作业调度器(用于 MapReduce、Spark 和其他框架)通过在缓存块的 DataNode 上运行任务，可以利用块缓存的优势提高读操作的性能。例如，连接(Join)操作中使用的一个小的查询表就是块缓存的一个很好的候选。用户或应用通过在缓存池(Cache Pool)中增加一个 cache directive 来告诉 NameNode 需要缓存哪些文件及存多久。缓存池是一个用于管理缓存权限和资源使用的管理性分组。

3.3.2　HDFS 系统架构

1. HDFS 系统组件

如图 3.4 所示，HDFS 采用了 Master/Slave 架构，主要包括 4 个部分：Client、NameNode、Secondary NameNode 和 DataNode。

1) 客户(Client)

客户 Client 通过与 NameNode 和 DataNode 交互去访问 HDFS 中的文件。Client 提供了一个类似 POSIX 的文件系统接口供用户调用，因此用户在编程时无须知道 NameNode 和 DataNode 也可实现其功能。

2) 名称节点(NameNode)

Hadoop 集群中只有一个 NameNode，负责管理 HDFS 的目录树和相关的文件元数据信息。HDFS 系统将这些信息用两种文件形式，即元数据镜像文件(fsimage)和文件改动日志(editlog)存放在本地磁盘。每次 HDFS 重启时，都需要将这两种文件重新构造出来。

此外，NameNode 还负责监控各个 DataNode 的状态，一旦发现某个 DataNode 宕掉，就将该 DataNode 移出文件系统，并重新备份其上面的数据。

3) 辅助名称节点(Secondary NameNode)

为了减轻 NameNode 的工作压力，Secondary NameNode 的目的不是备份 NameNode 的元数据，而是定期合并 fsimage 和 edits 日志，并传输给 NameNode。

4) 数据节点(DataNode)

DataNode 负责实际的数据存储，并将数据信息定期汇报给 NameNode。每个 slave 节点上安装一个 DataNode。通常上传到 HDFS 的文件很大，该文件会被切分成若干个 block，分别存储到不同的 DataNode 上。因此，DataNode 以 block 为单位组织数据文件内容，通常 block 大小为 128 MB。另外，为了保证数据可靠，同一个 block 以流水线方式写到若干个不同的 DataNode 上。用户可以从始至终看到文件从切割到存储的完整过程。

2. HDFS 系统的特点

虽然在多个文件系统中备份了 NameNode 元数据，Secondary NameNode 也创建监测点防止数据丢失，但是 NameNode 仍然存在单点失效 SPOF(Single Point Of Failure)的问题。如果 NameNode 失效了，则 Hadoop 系统将停止服务，只能等待新的 NameNode 上线。

此时，系统管理员需要启动拥有系统元数据副本的新 NameNode，并重新配置 DataNode 和客户端，以便使用新 NameNode。新 NameNode 满足以下所有条件才能响应服务：

(1) 将命名空间的映像文件导入内存中；

(2) 重新启动编辑日志；

(3) 接收足够多的来自 DataNode 的数据块报告。

系统的冷启动需要大约 30 min 甚至更长的时间。如果系统恢复时间太长，则会影响到日常维护。通常情况下，意外的 NameNode 失效出现的概率很低，所以在现实工作中，计划内的系统失效时间更加重要。

针对上述问题，Hadoop 2 增加了 HDFS 的高可用性(HA)功能，配置了一对 NameNode：活动(Active)和备用(Standby)。当活动 NameNode 失效时，备用 NameNode 就会接管任务并开始服务客户端的请求，不会有任何明显的中断。此外，HDFS 提供了基于 Hadoop 抽象文件系统的 API 接口，支持以流形式访问文件系统中的数据。HDFS 的主要特点如下。

(1) 支持超大文件。超大文件是指大于 MB 的 GB，甚至 TB 大小的文件，一般来说，一个 Hadoop 文件系统会存储 TB(1 TB = 1024 GB)、PB(1 PB = 1024 TB)级别的数据。

(2) 检测和快速应对硬件故障。HDFS 系统通常是由数百台甚至上千台服务器组成的，在日常使用时难免存在一定的故障率。因此，及时检测故障和自动恢复系统是 HDFS 设计的主要目标之一。

(3) 流式数据访问。HDFS 处理的数据规模都比较大，应用时大多是批量处理，而不是用户之间的交互式处理。因此，基于 HDFS 的应用程序需要以流的形式访问数据集，应首先满足数据的吞吐量，而不是满足数据访问的速度。

(4) 简化的一致性模型。HDFS 程序在操作文件时需要一次写入多次读取。同时，一个文件一旦创建、写入、关闭后，就不需要修改了。通过简单的一致性模型，HDFS 能提供高吞吐量的数据访问模型。

(5) 低延迟数据访问。由于 HDFS 通过延迟数据访问获取数据的高吞吐量，因此对于低延迟访问，可以考虑使用 HBase 或 Cassandra。

3.4　HDFS 常用操作

本节简单介绍 HDFS 文件操作的常用 Shell 命令，以及相应的 JavaAPI 调用接口。

1. HDFS Shell 命令

HDFS 有很多用户接口，其中，Shell 命令行是最基本的，也是所有开发者必须熟悉的。要想完整地了解 Hadoop Shell 命令，可输入 hadoop fs-help 查看所有命令的帮助文档。HDFS 有很多命令和 Linux 命令相似，其中常用文件处理命令如表 3.2 所示。

表 3.2　常用文件处理命令

命令格式要求	命 令 解 释
hdfs dfs-ls	列出指定目录文件和目录
hdfs dfs -mkdir	创建文件夹
hdfs dfs - -cat/text:	查看文件内容
hdfs dfs -touchz	新建文件
hdfs dfs -appendToFile <src><tar>	将源文件 <src> 的内容追加到目标文件 <tar> 末尾
hdfs dfs -put<src><tar>	将源文件 <src> 的内容复制到目标文件 <tar> 里面
hdfs dfs -rm <src>	删除文件或目录
-du <path>	显示占用磁盘空间大小

2. HDFS Java API 调用

如表 3.3 所示，HDFS 提供了 Java API 对 HDFS 的文件进行操作，如新建文件、删除文件、读取文件内容等。数据块在 DataNode 上的存放位置，对于开发者来说是透明的。

表 3.3　常用 HDFS Java API 文件操作类

名　　称	作　　用
org.apache.hadoop.con.Configuration	该类的对象封装了客户端或者服务器的配置
org.apache.hadoop.fs.FileSystem	该类的对象是一个文件系统对象，可以用该对象的一些方法来对文件进行操作
org.apache.hadoop.fs.FileStatus	向客户端展示系统中文件和目录的元数据，具体包括文件大小、块大小、副本信息、所有者、修改时间等
org.apache.hadoop.fs.FSDataInputStream	该类是 HDFS 中的输入流，用于读取 Hadoop 文件
org.apache.hadoop.fs.FSDataOutputStream	该类是 HDFS 中的输出流，用于写入 Hadoop 文件
org.apache.hadoop.fs.Path	表示 Hadoop 文件系统中的文件或者目录的路径

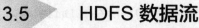

3.5　HDFS 数据流

HDFS 数据流是指在 HDFS 的环境下，数据在不同组件(主要是客户端、NameNode 和 DataNode)之间进行写入和读取操作时的流动过程。它描述了数据是如何从数据源(如客户端应用程序)进入 HDFS 进行存储，以及如何从 HDFS 存储中被读取出来并返回给请求者(客户端)的路径和方式。学习 HDFS 数据流对充分理解 HDFS 集群的工作原理非常重要。

3.5.1　文件的读取流程

　　客户端在读取 HDFS 中的文件时，首先要向 NameNode 发送读取请求。请求中包含文件名等信息，NameNode 根据文件名的元数据查找存储该文件数据块的 DataNode 列表，并按照数据块的顺序，将这个列表返回给客户端。接着，客户端收到 DataNode 列表后，会与各个 DataNode 进行通信，读取文件的数据块。为了提高读取速度，客户端可以同时从多个 DataNode 读取不同的数据块。需要指出的是，为了提高后续的读取效率，客户端可能会采取本地缓存的操作，也就是将读取的数据块缓存到本地。当再次需要读取相同的数据块时，可以直接从本地缓存中获取，这样会减少网络传输时间和 DataNode 的读取压力。客户端读取 HDFS 中的文件的具体操作步骤如图 3.5 所示。

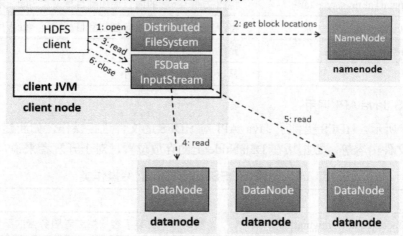

图 3.5　客户端读取 HDFS 中的文件

　　(1) 客户端调用 Distributed FileSystem 的一个实例中的 open()方法来打开读取的文件。

　　(2) Distributed FileSystem 通过 RPC 调用 NameNode 来确定文件起始块的位置。

　　① 对于每个数据块，NameNode 返回该块副本的 DataNode 地址。

　　② DataNode 根据数据块与客户端之间的距离来排序。

　　③ Distributed FileSystem 类返回 FSData InputStream 对象，即为客户端提供文件定位的输入流，以便客户读取数据。

　　④ FSData InputStream 类封装 DFS InputStream 对象，该对象管理 DataNode 和 NameNode 的输入和输出。

　　(3) 客户端对输入流调用 read()方法。DFS InputStream 中存储着所有起始数据块的 DataNode 地址，将马上连接距离最近的块所在的 DataNode。

　　(4) 通过对数据流反复调用 read()方法，将数据从 DataNode 传输到客户端，到达块的末端时，DFS InputStream 关闭与该 DataNode 的连接。客户端从流中读取数据时，按照打开 DFS inputStream 与 DataNode 新建连接的顺序读取。

　　(5) 根据需要询问 NameNode，检索下一批数据块的 DataNode 的位置，寻找下一个块的最佳 DataNode。

(6) 客户端完成读取后，对 FSData inputStream 调用 close()方法。

值得注意的是，客户端可以直接与 DataNode 连接检索数据，同时，NameNode 能够为客户端提供每个数据块所在的最佳 DataNode。由于数据流分散在不同的 DataNode 上，因此上述设计能使 HDFS 扩展到大量的并发客户端。同时，NameNode 只需要响应数据块位置的请求(这些信息存储在内存中，因而非常高效)，而无须响应数据的请求。

3.5.2　文件的写入流程

图 3.6 展示了文件写入 Hadoop 的流程，即从新建文件、数据写入、修改文件直到关闭修改文件。

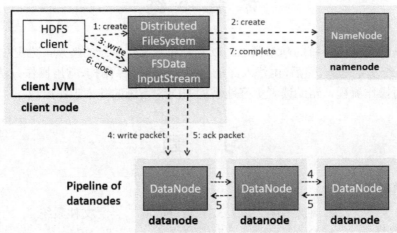

图 3.6　客户端将文件写入 HDFS

文件写入的具体步骤如下：

(1) 客户端通过 Distributed FileSystem 对象调用 create()函数准备新建文件。

(2) Distributed FileSystem 对象向 NameNode 创建一个 RPC，在命名空间创建一个新文件，此时该文件没有数据块。

① NameNode 执行各种不同的检查，以确保该文件不存在，以及客户端有新建该文件的权限。如果检查通过，则 NameNode 会为创建新文件添加一条记录；否则，新文件创建失败并向客户端抛出一个 IO Exception 异常信息。

② Distributed FileSystem 向客户端返回一个 FSData OutputStream 对象，由此客户端可以开始写入数据。与读取文件一样，FSData OutputStream 封装一个 DFSoutputstream 对象，处理 DataNode 和 NameNode 之间的通信。

(3) 准备在客户端写入数据。DFS OutputStream 将数据分成各个数据包写入内部队列，成为数据队列(data queue)。Data Streamer 根据 DataNode 列表要求 NameNode 分配适合的新块来存储数据的副本。

(4) 此时，第一个 DataNode 组建存储数据包，并将它发送给 Pipeline 中的第二个 DataNode。同样，第二个 DataNode 存储该数据包，并且将它发送给管线中的第三个(也就是最后一个)DataNode。

(5) DFS OutputStream 维护一个内部数据包队列，等待 DataNode 收到确认回执，成为确认队列(ack queue)。直至管道中所有 DataNode 的确认信息都被收到后，该数据包才会在确认队列中被删除。

(6) 客户端完成数据的写入后，对数据流调用 close()方法，将剩余的所有数据包写入 DataNode 管线，并联系 NameNode，了解文件由哪些块组成(通过 datastreamer 请求分配数据块)。

(7) 等待数据块进行最小量的复制后，成功返回。

另外，HDFS 文件系统的一致模型(coherencymodel)描述了文件读/写的数据可见性。本书不再具体阐述，有兴趣的读者可以查阅其他相关资料。

▲ 本 章 小 结 ▲

本章首先介绍文件系统的基本概念，以及分布式文件系统的特点，为更加深刻地了解 HDFS 文件系统奠定基础。然后，由浅入深地介绍 HDFS 体系结构、常用操作方法以及 HDFS 数据流的读写操作流程，帮助读者更好地掌握 HDFS 系统的基本工作原理。

▲ 习 题 ▲

一、术语解释

1. NFS   2. 绝对路径   3. NameNode   4. 文件系统

5. 相对路径   6. DataNode   7. 元数据   8. NFS

9. Secondary NameNode   10. 数据块   11. 分布式文件系统

12. 块缓存

二、简答题

1. HDFS 如何通过统一的命名空间目录树来定位文件？

2. 简述 NFS 支持哪些文件操作。

3. 简述 HDFS 如何实现对数据的高容错性和高吞吐量。

4. HDFS 系统的主要特点是什么？

5. 简述 HDFS 架构的核心组件及其主要功能。

6. HDFS 的数据块对数据的读写性能有何影响？

7. HDFS Shell 命令中有哪些常用的文件操作？

8. 简述 HDFS 系统中多个数据备份的功能。

9. 简述客户端 HDFS 数据流的读写过程。

第 4 章 Hadoop 的 I/O 操作

与传统系统中的输入/输出(Input/Output，I/O)操作方式不同，Hadoop 系统自带一套 I/O 操作机制。由于 Hadoop 在处理大规模的数据集时，数据分布式存储在多台不同的主机中，需要采用分布式并行处理方式。因此，Hadoop 平台在设计相关的 I/O 操作时，充分考虑了其分布式存储及计算的特点。

4.1 数 据 完 整 性

数据完整性即保证数据在存储和处理的过程中，不会有损失或者损坏。由于 Hadoop 处理的数据流量非常大，同时发生数据损坏的概率比较高，因此 Hadoop 提供了校验和(checksum)的方式检测数据完整性。系统在第一次引入数据时计算校验和，并在每一次的通道传输时再次计算校验和，同时比较两次校验和是否相同。如果不同，则说明数据受到损坏。然而，这种方式可以检测出数据是否出错，但是不能修复损坏的数据。而且，作为校验和的数据同样也可能损坏。常见的错误检测码有 CRC-32(32 位循环冗余校验)，任何大小的数据都可计算获取 32 位大小的校验和。

4.1.1 HDFS 数据完整性

为了灵活地在集群中的多个数据节点(DataNode)上存储数据，HDFS 将文件切割成一个个固定大小的数据块(Data Block)进行存储，默认的数据块大小是 128 MB。这就好比把一本书分成一个个章节来存放，每个章节就是一个数据块。因此，数据块是 HDFS 中存储数据的基本单位。不同的数据块可以存储在不同的 DataNode 上，这样可以充分利用集群的存储资源，并且便于进行数据的冗余存储和负载均衡。

检验 HDFS 数据完整性就是检验数据块的完整性，主要包含校验和、副本策略(Replication Strategy)和 DataBlockScanner 检测 3 种方式，具体阐述如下。

1. 校验和

HDFS 在写入数据块时会为每个数据块计算校验和。校验和是根据数据块内容通过特定算法(如 CRC32、MD5 等)生成的一个固定长度的数字签名。在读取数据块时，重新计算校验和并与存储的校验和进行比较。如果两者一致，那么数据块在很大程度上是完整的；如果不一致，则表明数据块可能已经损坏。假设一个数据块的内容是"Hello World"，通过 CRC32 算法计算出的校验和为 12345。当读取这个数据块时，重新计算校验和，若得到的值也是 12345，则表明数据块完整性良好。否则，表明数据块已经受到损伤。这种方法可以有效检测出数据在存储或传输过程中是否出现了比特错误。在数据写入和读取的每个环节都可以使用校验和来保障数据的完整性。例如，数据节点在存储数据块后会保存校验和，客户端或其他 DataNode 在读取数据块时会验证校验和。

在分布式文件系统 HDFS 中，元数据节点 NameNode 是存储和管理文件系统元数据的关键组件。其中，元数据是关于数据的数据，包括文件的名称、大小、权限、存储位置(在分布式环境下，具体的数据块存储在哪些 DataNode 上)等信息。例如，元数据节点就像是图书馆的目录系统。它记录了每一本书(对应文件)的书名、作者、在书架上的位置等信息，而真正的书籍(文件数据)则存放在书架(DataNode)上。因此，在 DataNode 验证收到数据之后，元数据节点在收到客户端数据或复制其他 DataNode 的数据时储存数据及其校验和。同时，写数据的客户端将数据及其校验和发送到一系列 DataNode 组成的管线中，管线的最后一个 DataNode 负责验证校验和。

客户端读取 DataNode 数据也会验证校验和，将它们与数据及节点中储存的校验和进行比较。每个 DataNode 都具有用于验证的校验和日志。客户端成功验证一个数据块后，会告诉这个 DataNode，DataNode 由此更新日志。此外，由于 HDFS 储存着每个数据块的备份，因此可以通过复制完好的数据备份来修复损坏的数据块并恢复数据。

2. 副本策略

分布式文件系统 HDFS 默认采用多副本存储机制，通常会将一个数据块存储为多个副本(如默认是 3 个副本)，分别存放在不同的 DataNode 上。当怀疑某个数据块的完整性出现问题时，可以通过比较不同副本的数据来确定数据块是否损坏。如果一个副本的数据与其他副本不一致，那么这个副本可能已经损坏。假设有一个数据块有 3 个副本，分别存储在 DataNode1、DataNode2 和 DataNode3 上。当检查数据完整性时，对比这 3 个副本的数据内容。如果 DataNode1 上的数据块与 DataNode2 和 DataNode3 上的数据块有差异，那么可以初步判断 DataNode1 上的数据块可能出现了问题。

在数据块损坏的修复过程中，副本策略发挥了关键的作用。如果发现一个损坏的副本，则可以从其他正常的副本中复制数据，来修复该损坏的副本。这种策略可以有效提高数据的可用性和容错性。

3. DataBlockScanner 检测

DataNode 后台有一个 DataBlockScanner 检测进程，会定期扫描数据块。系统配置 DataBlockScanner 每隔一段时间对所有数据块进行一次全面扫描。在扫描过程中，对于每个数据块，它会重新计算校验和并与存储的校验和进行比较。如果发现某个数据块的校验和不一致，就会记录这个数据块的位置和问题，以便后续修复。

通常，DataBlockScanner 跟着 DataNode 同时启动，由于对 DataNode 上的每一个数据块扫描一遍要消耗较多的系统资源，一次扫描周期的时间较长，因此在一个扫描周期内可能出现 DataNode 重启的情况，导致 DataNode 在启动后 DataBlockScanner 对还没有过期的数据块又扫描了一遍。为了解决这个问题，DataBlockScanner 使用了日志记录器来持久化保存每一个数据块上一次的扫描时间，保证 DataNode 启动之后通过日志文件来恢复之前所有的数据块的有效时间。

　　DataBlockScanner 检测是一种主动式的数据完整性保障措施，适用于定期维护数据质量，预防数据损坏导致的数据丢失或错误，在日常维护中帮助管理员及时发现潜在的数据问题。

4.1.2　本地文件系统

　　Hadoop 支持各种类型的文件系统，在 Hadoop 中本地文件系统(LocalFileSystem)是客户端校验的类。在使用本地文件系统写文件时，会自动地创建一个名称为“filename.crc”的文件。校验文件大小的字节数由“io.bytes.per.checksum”属性设置，默认是 512 字节，即每 512 字节就生成一个 CRC-32 校验和。“filename.crc”文件会储存“io.bytes.per.checksum”的信息，在读取数据块时会根据此文件进行校验。事实上，本地文件系统是通过继承校验和文件系统(ChecksumFileSystem)实现校验工作的，这样能降低校验和的计算成本。

　　HDFS 底层的原生本地文件系统(RawLocalFileSystem)可以同时支持或者禁用校验和。

　　因此，也可通过 RawLocalFileSystem 来替代 LocalFileSystem 完成禁用校验和的工作。禁用校验和的操作如果在应用中需要全局使用，则只需要设置“fs.file.impl”值为 org.apache.hadoop.fs.RawLocalFileSystem()，重新镜像执行文件的 URL，或者只对某些读取禁用校验和校验。

4.1.3　校验和文件系统

　　校验和文件系统(ChecksumFileSystem)是 Hadoop 数据完整性保证的核心，LocalFileSystem 使用 ChecksumFileSystem 为自己工作，这个类可以很容易地添加校验和功能到其他文件系统中。因为 ChecksumFileSystem 也包含于文件系统中。

　　在 ChecksumFileSystem 的保证下，HDFS、http、LocalFileSystem 等其他文件系统可以专注于自己的业务逻辑，不必关心底层数据的写入以及数据块完整性校验信息。

4.2　基于文件的数据结构

　　由于分布式文件系统 HDFS 和分布式编程模型 MapReduce 都是为大规模数据集的文件设计的，不适用于处理数据集较小的文件。因此，Hadoop 平台提供了序列文件(SequenceFile)和镜像文件(MapFile)两个容器处理小文件，具体阐述如下。

4.2.1　序列文件

　　Hadoop 的序列文件 SequenceFile 类为二进制键/值对(key,value)提供一个持久化的数据结构。把 SequenceFile 当作一个容器，将所有文件打包到 SequenceFile 类，可以高效地对小文件进行存储和处理。SequenceFile 的存储类似于日志文件。不过，日志文件只能对纯文本数据记录，SequenceFile 中的 key 和 value 则可以是任意 Writable 类或者是自定义 Writable 类，SequenceFile 文件并不按照其存储的 key 进行排序存储，SequenceFile 的内部类 Writer 提供了自动添加函数 append()。

1. SequenceFile 的写操作

createWriter()静态方法可以用来新建一个 SequenceFile 类，该方法会返回一个 SequenceFile.Writer 实例，需要指定一个写入的流(FSDataOutputStream 或成对的文件系统和路径)，并指定配置 Configuration 对象和键/值类型。SequenceFile 的写操作的具体步骤如下：

(1) 创建 Configuration；

(2) 获取 FileSystem；

(3) 创建文件输出路径 Path；

(4) 调用 SequenceFile.createWriter 得到 SequenceFile.Writer 对象；

(5) 调用 SequenceFile.Writer.append 追加写入文件；

(6) 关闭流。

2. SequenceFile 的读操作

首先，需要创建 SequenceFile.Reader 实例，随后通过调用 next()函数进行每行结果集的迭代(需要依赖序列化)。SequenceFile 的读操作的具体步骤如下：

(1) 创建 Configuration；

(2) 获取 FileSystem；

(3) 创建文件输出路径 Path；

(4) 创建 SequenceFile.Reader 进行读取；

(5) 得到 keyClass 和 valueClass；

(6) 关闭流。

4.2.2 镜像文件

MapFile 是排序后的 SequenceFile，可以根据额外生成的一个索引文件 key 进行查找。与 SequenceFile 读写类似，MapFile 的 key 是 WritableComparable 类型的，而 value 是 Writable 类型的。SequenceFile 转换为 MapFile 的步骤如下：

(1) 根据键值 key 进行 SequenceFile 排序，或者直接将 MapFile 中的 index 文件删除。

(2) mapUri 是 MapFile 文件的输出目录，转换完成后 mapUri 目录下应该有 data 和 index 两个文件。

(3) 重建索引。通常，Fix()方法用于重建已损坏的索引。但是，Fix()方法能从头开始建立新的索引，所以被用于此处。

值得注意的是，Fix()方法的 indexInterval 值为固定的 128，即通过 Fix()方法生成的索引每隔 128 条数据记录生成一条索引。

4.3　压 缩 文 件

由于 Hadoop 处理数据量庞大，对文件进行压缩不仅能够提升文件的传输速度，而且能够减少大量数据文件所占用的存储空间。因此，Hadoop 平台提供了不少压缩算法，具体如表 4.1 所示。

表 4.1　各压缩算法特点比较

压缩算法	原始文件大小/GB	压缩后文件大小/GB	压缩速度/(MB/s)	解压缩速度/(MB/s)
gzip	8.3	1.8	17.5	58
Bzip2	8.3	1.1	2.4	9.5
LZO-bset	8.3	2	4	60.6
LZO	8.3	2.9	49.3	74.6

由表 4.1 可以看出，所有的压缩算法都需要平衡时间与空间，即牺牲更多时间(空间)，换取更多空间(时间)。其中，gzip 是最常见的压缩算法，时间和空间比例处于中等位置。Bzip2 压缩空间比 gzip 更加有效，但是压缩时间比较长。虽然 Bzip2 的压缩速度比其解压速度快，但是还是比其他压缩算法的速度慢。另外，LZO 压缩速度比 gzip 或者其他压缩和解压方法都快，但是其压缩空间并不高效。因此，不同的压缩算法有不同的压缩特点，用户可结合自身需求选择最适合的压缩算法。

4.3.1　压缩与解压缩

在 Hadoop 生态系统中，在大数据环境下，数据量通常非常庞大。通过压缩算法可以显著减少数据占用的存储空间。例如，在 Hadoop 分布式文件系统(HDFS)中，存储日志文件、文本文件等大量数据时，采用合适的压缩算法可以将数据大小压缩到原来的几分之一甚至更小。这意味着在相同的存储设备上可以存储更多的数据，从而降低存储成本。另外，在 Hadoop 集群中，数据需要在不同的节点之间频繁传输，这是因为 MapReduce 任务在各个阶段会不断变化。压缩数据可以减少数据在网络上传输的带宽占用。例如，在将 Map 阶段的中间结果传输到 Reduce 阶段的过程中，压缩后的中间结果数据可以更快地在网络中传输，提高了数据传输效率，尤其在集群规模较大、网络带宽有限的情况下，这一优势更加明显。

在 Hadoop 的实现中，压缩器(Compressor)和解压器(Decompressor)被抽象成了两个接口，Hadoop 内部的编码/解码算法实现都需要实现对应的接口。在实际的数据压缩与解压缩过程中，Hadoop 为用户提供了统一的 I/O 流处理模式。每一种压缩/解压器最后统一交由压缩/解压器代码(CompressionCodec)来管理。为了标识某一种压缩/解压器，压缩器设计了 getDefaultExtesion()方法表示压缩/解压算法，作为文件的后缀扩展名。Hadoop 内部实现的主要压缩/解压器如表 4.2 所示。

表 4.2   Hadoop 压缩/解压器及实现类

压缩格式	Hadoop 中的实现
DEFLATE	org.apache.hadoop.io.compress.DefaultCodec
gzip	org.apache.hadoop.io.compress.GzipCodec
Bzip2	org.apache.hadoop.io.compress.Bzip2Codec
LZO	com.hadoop.compression.lzo.LzopCodec
LZ4	org.apache.hadoop.io.compress.Lz4Codec
Snappy	org.apache.hadoop.io.compress.SnappyCodec

在 Hadoop 启动之前,可以通过配置文件为 Hadoop 集群配置任意多个压缩/解压器 CompressionCodec,既可以是 Hadoop 内部实现,也可以是用户自定义。对应的配置项为 io.compression.codec。如果没有在配置文件中指定的压缩/解压器,则采用默认的压缩/解压器 GzipCode 和 DefaultCodec。最后,所有配置的压缩/解压器统一交由 CompressionCodecFactory 来管理。Hadoop 在处理文件时,会根据文件的后缀名,从 CompressionCodecFactory 获取相应的压缩/解压器进行解码处理。

另外,数据压缩的方式非常多,不同特点的数据有不同的数据压缩方式:如对声音和图像等特殊数据的压缩,就可以采用有损的压缩方法,允许压缩过程中损失一定的信息,换取较大的压缩比率;对音乐数据的压缩,由于音乐数据有自己比较特殊的编码方式,因此,可以采用针对这些特殊编码的专用数据压缩方法,如表 4.3 所示。

表 4.3   Hadoop 常用压缩工具及算法

压缩格式	工 具	算 法	扩展名	多文件	可分割性
DEFLATE	无	DEFLATE	.deflate	否	否
gzip	gzip	DEFLATE	.gzp	否	否
Zip	Zip	DEFLATE	.zip	是	是
Bzip2	Bzip2	Bzip2	.bz2	否	是
LZO	lzop	LZO	.lzo	否	是

4.3.2   压缩格式的处理

在考虑如何压缩需要处理的数据时,压缩格式是否支持分隔也是十分重要的影响因素。例如,gzip 格式使用 default 来存储压缩过的数据,default 将数据作为一系列压缩过的块存储,但是,每个被压缩过的块存储都没有被确定其起始位置,而是与原有的数据同步存储,所以 gzip 不支持分隔机制。

不同的压缩格式所需的工具算法不一样。从表 4.3 可以看出各种压缩格式的特点。用户是趋向于使用最快的速度压缩,还是使用最优的空间压缩?一般来说,应该尝试不同的策略，并用具有代表性的数据集进行测试，从而找到最佳方法。对于那些大型的、没有边界的文件，如日志文件，可以参考以下选项：

(1) 使用支持分割机制的压缩格式，如 Bzip2；

(2) 使用支持压缩和分割的序列文件；

(3) 对于大型文件，不要对整个文件使用不支持分割的压缩格式，因为这样会损失本地性优势，从而降低 MapReduce 应用的性能。

4.4　对象序列化

4.4.1　序列化的作用和功能

在 Hadoop 生态系统中，序列化主要用于将数据从内存中的对象格式转换为适合在网络上传输或存储在磁盘上的字节序列格式。同时，序列化还可以与压缩算法结合使用，在序列化数据的同时对数据进行压缩，以减少数据存储空间和网络传输带宽。反序列化是指将字节流转为一系列结构化对象的过程。简单地理解序列化就是把对象转换为字节流用来传输和保存，把字节流转换为对象，将对象恢复成原来的状态。

1. 序列化的作用

(1) 作为一种持久化格式：一个对象被序列化以后，它的编码可以被存储到磁盘上，供以后反序列化用。

(2) 作为一种通信数据格式：序列化结果可以通过网络从一个正在运行的虚拟机上传递到另一个虚拟机上。

(3) 作为一种拷贝、克隆(clone)机制：将对象序列化到内存的缓存区中。然后通过反序列化，可以得到一个对已存对象进行深拷贝的新对象。

Hadoop 在节点间的内部通信使用远程过程调用(Remote Procedure Call，RPC)，RPC 协议把消息翻译成二进制字节流发送到远程节点，远程节点再通过反序列化把二进制流转成原始的信息。

2. 序列化的功能

Hadoop 使用自己的序列化格式 Writable，它绝对紧凑、高速，但不太容易用 Java 以外的语言进行拓展和使用。在 Writable 接口中定义了两个方法，即 write 和 readFields，分别用来实现把对象序列化和反序列化的功能。另外，Hadoop 序列化机制中还包含另外几个重要的接口，即 WritableComparable、RawComparator 和 WritableComparator，具体功能介绍如下：

(1) WritableComparable 接口。该接口提供类型比较，继承自 Writable 接口和 Comparable 接口，其中 Comparable 可以进行类型比较。ByteWritable、IntWritable、DoubleWritable 等 Java 基本类型对应的 Writable 类型，都继承自 WritableComparable。

(2) RawComparator 接口。该接口允许实现比较数据流中的记录，而不用把数据流反序列化为对象，从而避免了新建对象的额外开销。

(3) WritableComparator 接口。该接口充当 RawComparator 的实例工厂，提供了一个对原始 compare()方法的默认实现。

4.4.2　Writable 类

参考 JDK 的数据类型，Hadoop 实现了自己的数据类型，但是使数据更加紧凑高效一些。尤其是序列化之后的字节数组大小，会比 JDK 序列化出来的更小一些。Hadoop 的 Writable 类及基本数据类型定义在 org.apache.hadoop.io 中，在 Hadoop 中，Writable 类应用广泛，类型较多，不同的类之间具有层次关系，如图 4.1 所示。

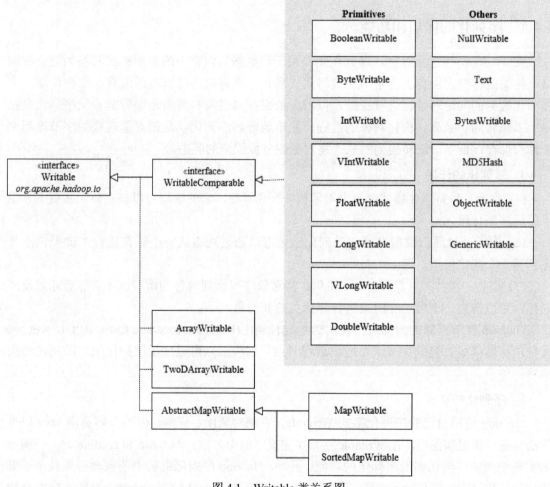

图 4.1　Writable 类关系图

1. 基本数据类型

所有基本数据类型都是可写包装器，除了字符 char(可以存储在 IntWritable 中)之外，都有一个 get()和 set()方法来检索和存储包装值。数据基本类型对应的 Writable 封装如表 4.4 所示。

表 4.4　基本类型对应的 Writable 封装

Java 基本类型	Writable	序列化后的长度
Boolean	BooleanWritable	1
Byte	ByteWritable	1
Int	IntWritable VIntWritable	4 1～5
Float	FloatWritable	4
Long	LongWritable VLongWritable	8 1～9
Double	DoubleWritable	8

另外，NullWritable 类型较为特殊，序列化长度为零，不进行数值的写入或读出，仅作为占位符使用。

2. Text 类型

Hadoop 中的 Text 类型与 Java 的 String 类型相似，但存在差异。Text 类型使用变长 int 型存储长度，其最大存储容量为 2 GB。Text 类型采用标准的 UTF-8 编码，可以非常好地与其他文本工具交互，当 UTF-8 编码后的字节大于 2 时，Text 和 String 的区别就会更清晰，因为 String 是按照 UNICODE 的字符计算的，而 Text 是按照字节计算的。Text 的 chatAt 返回的是一个整型，即 UTF-8 编码后的数字，而不是像 String 那样的 UNICODE 编码的字符类型。Text 还有一个 find()方法，类似 String 里的 indexOf()方法。

3. BytesWritable 类

BytesWritable 类是二进制数组的封装类型，序列化格式以一个 4B 的整数(这点与 Text 不同，Text 是以长整型开头的)开始表明字节数组的长度，然后是数组本身。和 Text 类一样，BytesWritable 类也可以通过 set()方法修改，getLength()返回的大小是真实大小，而 getBytes()返回的大小则不是真实大小。BytesWritable 类具体可修改的参数如下。

```
bytesWritable.setCapacity(11);
    bytesWritable.setSize(4);
    Assert.assertEquals(4,bytesWritable.getLength());
    Assert.assertEquals(11,bytesWritable.getBytes().length);
```

4. ObjectWritable 类

Hadoop 的 ObjectWritable 类是对基本类型进行组合的通用封装类，包括 Java 基本类型、字符串等或者这些类型构成的数组。当存在多种类型时，ObjectWritable 类是十分有用的。但是，由于每次序列化数据均需写入被封装类的类名中，导致 ObjectWritable 类占用的空间太大，会浪费空间。

5. GenericWritable 类

GenericWritable 类也可用于封装其他类型，与 ObjectWritable 类相比较，GenericWritable 类的序列化只是把 type 数组里的索引放在靠前位置，不需要对每个值都封装，因此，它比

ObjectWritable 类节省了很多空间，也更加高效。使用 GenericWritable 类时，只需继承于 GenericWritable 类，并通过重写 getTypes()方法指定哪些类型需要支持即可。

6. ArrayWritable 类和 TwoDArrayWritable 类

ArrayWritable 类和 TwoDArrayWritable 类分别表示数组和二维数组的 Writable 类型。指定数组的类型有两种方法：在构造方法里设置或者继承于 ArrayWritable 和 TwoDArrayWritable。ArrayWritable 以一个整型开始表示数组长度，然后数组里的元素一一排开。ArrayPrimitiveWritable 和上面类似，只是不需要用子类去继承 ArrayWritable 而已。

7. MapWritable 类和 SortedMapWritable 类

MapWritable 类对应 Map 类，SortedMapWritable 类对应 SortedMap 类，以 4B 开头，存储集合大小，然后每个元素以 1 B 开头存储类型的索引(类似 GenericWritable 类，所以总共的类型总数只能到 127)，接着是元素本身，先 key 后 value，这样一对对排开。

4.4.3 自定义 Writable 类型

Hadoop 中有自定义 Writable 类型，如果原有的 Writable 类无法满足用户需求，那么用户可以自行定义 Writable 类型。Hadoop 中的 MapReduce 计算模型的 key，value 值都采用的是自定义 Writable 类型。所以，自定义 Writable 类型也可以提高 MapReduce 的性能。

为了演示如何创建一个自定义 Writable，本书介绍了一个表示一对字符串的实现，名为 TextPair。TextPair 有两个 Text 实例变量(first 和 second)和相关的构造函数、get 方法和 set 方法。所有的 Writable 实现都必须有一个默认的构造函数，以便 MapReduce 框架能够对它们进行实例化，进而调用 readFields()方法来填充它们的字段。Writable 实例是易变的、经常重用的，所以应该尽量避免在 write()或 readFields()方法中分配对象。

通过委托给每个 Text 对象本身，TextPair 的 write()方法依次序列化输出流中的每一个 Text 对象。同样，也通过委托给 Text 对象本身，readFields()反序列化输入流中的字节。DataOutput 和 DataInput 接口有丰富的整套方法用于序列化和反序列化 Java 基本类型，所以在一般情况下，能够完全控制 Writable 对象的数据传输格式。

4.4.4 序列化 API

Hadoop 提供了丰富的 Writable 类供 MapReduce 使用，但是并不是强制使用的。在 Hadoop 中存在一个序列化的 API，可用来替换序列化框架，所以用户不一定要使用 Writable 类型，具体说明如下：

(1) 用 Serialization 来实现序列化框架，如 WritableSerialization 类，实现了接口 org.apache. hadoop.io.serializer.Serialization，定义了序列化和反序列化。还需要配置属性 io.serizalizations 设置类名，默认值包含 WritableSerialization 和 Avro，分别指定序列化和反序列化类。

(2) Hadoop 中包含名为 JavaSerialization 的类，可使用 Java 的对象序列化，但不如 Writable 高效，故不推荐使用。

(3) Hadoop 中可以不通过代码使用序列化框架，而是通过接口描述语言使用序列化框架。这种方式不依赖于具体语言的声明，能够有效提高互操作能力。

流行的序列化框架有 Apache Thrift、Google 的 Protocol Buffers 等。虽然 MapReduce 对这两种框架的支持有限，但 Hadoop 内部实现中有一部分还是使用了上述框架。

▲▼ 本 章 小 结 ▲▼

本章介绍了 Hadoop 中的 I/O 操作功能，包括压缩文件、对象序列化，以及如何使用校验和或者进程检验数据的完整性。

▲▼ 习　　题 ▲▼

一、术语解释

1. 校验和　　　　2. MapFile　　　　3. Text 类　　　　4. 数据完整性

5. 序列化　　　　6. ObjectWritable 类　　　　　　　　7. SequenceFile

8. Writable 类　　9. GenericWritable 类

二、简答题

1. 简述 Hadoop 中本地文件系统的工作原理。

2. SequenceFile 的主要特点是什么？

3. 在哪些情况下需要将 SequenceFile 转换为 MapFile？

4. 在 Hadoop 中不同的压缩算法的优劣分别是什么？

5. 如何压缩将由 MapReduce 处理的数据？

6. 如何自定义 Writable 类型？

第 5 章　分布式编程模型 MapReduce

MapReduce 是一种用于大规模数据处理的分布式编程模型(或者计算框架)，对数据的处理过程主要包含 Map 和 Reduce 两个阶段，并且通过中间的数据混洗(Shuffle)过程来协调这两个阶段的工作。其中，Map 阶段利用 Map()函数对作为键/值(key/value)对形式输入的数据进行转换；Reduce 阶段将具有相同键的键/值对的数据聚合后，利用 Reduce()函数对每个键的一组数值进行处理获得最终结果。

5.1　MapReduce 的体系架构

对于开发者来说，MapReduce 不需要深入了解分布式系统的底层细节，如任务调度、数据分布、节点通信等，直接调用 Map 和 Reduce 函数即可完成程序开发。同时，MapReduce 具有良好的扩展性，能够灵活地增减集群中的节点数量以提高数据处理能力并降低硬件成本。另外，MapReduce 具有良好的容错机制。当某个节点出现故障时，任务能够自动重新分配到其他正常节点上继续执行，从而保证了整个任务执行的安全性。

5.1.1　MapReduce 的物理架构

如图 5.1 所示，Hadoop MapReduce 也采用了 Master/Slave(M/S)物理架构，由客户端(Client)、作业监控器(JobTracker)、任务监控器(TaskTracker)和任务(Task)等 4 个部分组成。

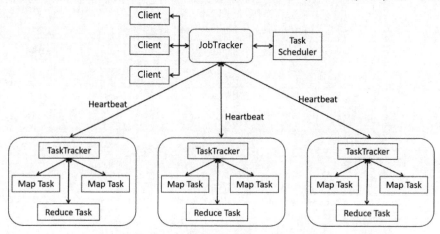

图 5.1　Hadoop MapReduce 物理架构图

1．客户端(Client)

Client 主要负责将用户编写的 MapReduce 程序提交给 JobTracker，具体工作如下：

(1) 在 Hadoop 内部用作业(Job)表示 MapReduce 程序，Client 能够给用户提供接口来查看 Job 的运行状态。

(2) 每个 MapReduce 程序能够对应若干个 Job，而每个 Job 被分解成若干个 Map/Reduce 任务(Task)。

2．作业监控器(JobTracker)

JobTracker 主要负责监控资源和调度作业，具有以下 3 种功能：

(1) JobTracker 监控所有 TaskTracker 与 Job 的正常状况，一旦发现错误的情况，会把相应的 Task 转移到其他节点。

(2) JobTracker 会监控 Task 的执行进度、资源使用量等信息，并将其发给 TaskTracker。

(3) 当资源出现空闲时，TaskTracker 会选择合适的 Task 发送给资源。TaskTracker 是一个可插拔的模块，用户能够根据需要设计特定的调度器。

3．任务监控器(TaskTracker)

通过心跳(Heartbeat)，TaskTracker 周期性地将本节点上资源的使用情况和 Task 的运行进度汇报给 JobTracker；同时，TaskTracker 也接收 JobTracker 发送的命令并执行相应的操作，如启动新 Task、结束 Task 等。TaskTracker 的具体工作如下：

(1) TaskTracker 使用插槽(Slot)等量划分本节点上的资源量。单个的 Slot 对应单个的计算资源(CPU、内存等)。每个 Task 获取到一个 Slot 后才能运行，TaskTracker 就是将空闲的 Slot 分配给 Task 使用。

(2) Slot 分为 Map Slot 和 Reduce Slot 两种，分别供 Map Task 和 Reduce Task 使用。

(3) TaskTracker 通过设置 Slot 的数量来限定 Task 的并发度。

4．任务(Task)

Task 分为 Map Task 和 Reduce Task 两种，均由 TaskTracker 启动。Task 的具体工作如下：

(1) HDFS 存储数据时以固定大小的数据块(block)为基本单位，MapReduce 的处理单位是分片(split)，split 和 block 的对应关系如图 5.2 所示。

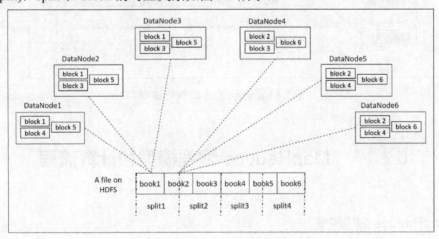

图 5.2　split 和 block 的对应关系

(2) split 是一个逻辑概念，只包含一些元数据信息，如数据起始位置、数据长度、数据所在节点等。它的划分方法完全由用户自己决定。

(3) split 的多少决定了 MapTask 的数目，因为每个 split 会交由一个 MapTask 处理。

5.1.2　Map Task 的执行过程

如图 5.3 所示，Map Task 的执行过程分为以下 3 个阶段：

(1) Map Task 先将对应的 split 迭代解析成若干个 key/value 对。

(2) key/value 对给用户发送自定义的 map() 函数进行反复处理。

(3) 最终的临时结果存放到本地磁盘上，其中，临时数据被分成若干个分区(partition)，每个 partition 将被一个 Reduce Task 处理。

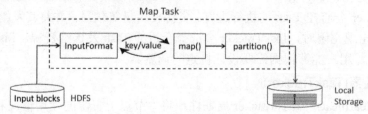

图 5.3　Map Task 的执行过程

5.1.3　Reduce Task 的执行过程

如图 5.4 所示，Reduce Task 的执行过程分为以下 3 个阶段：

(1) "shuffle" 阶段：将从远程节点上读取 Map Task 中间结果。

(2) "sort" 阶段：按照 key/value 对 Map Task 中间结果进行排序，获得 <key，value list>。

(3) "reduce" 阶段：依次读取 <key，value list>，调用用户自定义的 reduce() 函数处理，并将最终结果存到 HDFS 上。

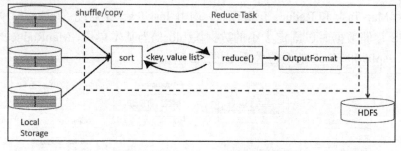

图 5.4　Reduce Task 的执行过程

5.2　MapReduce 编程模型和计算流程

1. MapReduce 编程模型

如图 5.5 所示，MapReduce 编程模型主要由 Mapper 和 Reducer 两个抽象类构成。Mapper

对切分过的原始数据进行处理，Reducer 则对 Mapper 的结果进行汇总，得到最后的输出。

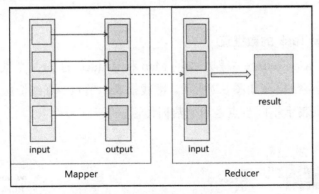

图 5.5　MapReduce 编程模型

2. MapReduce 计算流程

如图 5.6 所示，对于简单的数据，MapReduce 计算流程主要由以下步骤完成。

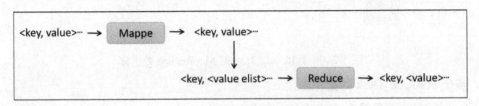

图 5.6　MapReduce 简单数据流

(1) Mapper 接受 <key，value> 格式的数据流，并产生一系列同样是 <key，value> 格式的输出数据流。

(2) <key，value> 数据流经过 shuffle 和 sort 处理，形成 <key，{value list}> 格式的中间结果。

(3) Mapper 将中间结果 <key，{value list}> 再传给 Reducer 作为输入。

(4) Reducer 把具有相同 key 的 {value list} 作相应处理，最终生成 <key，value> 格式的结果数据，再写入 HDFS 中。

5.3　MapReduce 数据流

在进入 Map 阶段前，MapReduce 的输入数据被划分成等长的小数据块，称为"分片"(split)。每个分片构建一个 Map Task，Map Task 将运行用户自定义的 Map()函数处理分片中的每条记录。因为处理每个分片所需要的时间少于处理整个输入数据所花的时间，整个处理过程将获得更好的负载平衡。所以，随着分片被切分得更细，负载平衡的质量会更高。然而，如果分片切分得太小，那么用于管理分片的总时间和构建 Map Task 的总时间将延长

Job 的整个执行时间。因此，一个合理的分片大小趋向于 HDFS 的一个块的大小，默认是 128 MB。

1. 一个 Reduce Task 的数据流

根据实际需要，MapReduce 编程模型的 Map 和 Reduce 的 Task 个数能够发生变化。一个 Reduce Task 的完整数据流如图 5.7 所示。虚线框表示节点，虚线箭头表示节点内部的数据传输，而实线箭头表示不同节点之间的数据传输。

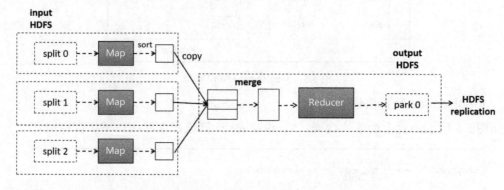

图 5.7　一个 Reduce Task 的 MapReduce 数据流

2. 多个 Reduce Task 的数据流

Reduce Task 的数量是独立指定的。如果有多个 Reduce Task，那么每个 Map Task 就会根据输出的数量进行分区(partition)，即为每个 Reduce Task 单独建立一个分区。每个分区有许多键 key 及相对应的值，但每个键 key 对应的键值对都被记录在同一个分区中。分区可由用户定义的分区函数控制，但通常用默认分区通过哈希函数进行高效的分区。

如图 5.8 所示，多个 Reduce Task 的数据流说明每个 Reduce Task 的输入都来自不同的 Map Task，因此 Map Task 和 Reduce Task 之间的数据流称为 shuffle(称为混洗或者洗牌)。通常，shuffle 过程比图 5.8 所示的更复杂，而且调整 shuffle 的参数对 Job 总执行时间的影响非常大。

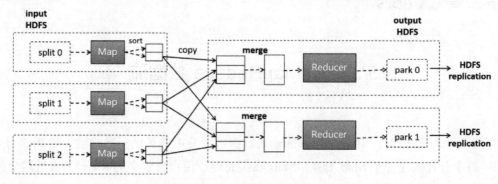

图 5.8　多个 Reduce Task 的数据流

当数据处理出现完全并行(即无须混洗)的情况时，可能会导致无 Reduce Task。此时，Map Task 将唯一的非本地节点数据传输结果写入 HDFS，如图 5.9 所示。

input
HDFS
output
HDFS
split 0
Map
part0
HDFS
replication
split 1
Map
part1
HDFS
replication
split 2
Map
part2
HDFS
replication

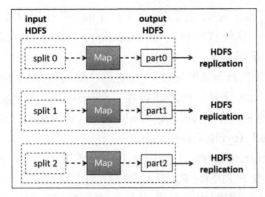

图 5.9　无 Reduce Task 的 MapReduce 数据流

5.4　MapReduce 的编程方法

MapReduce 属于一种分布式计算框架，它的应用场景具有一个共同的特点，即 Task 可被分解成相互独立的子问题。因此，MapReduce 模型的编程方法分为以下 5 个步骤。

(1) 迭代(iteration)。遍历输入数据，并将之解析成键值对 key/value。

(2) 将输入的键值对 key/value 映射(Map)成新的键值对 key/value。

(3) 依据键值 key 对中间数据进行分组(grouping)。

(4) 以组为单位对数据进行归约(Reduce)。

(5) 迭代。将最终产生的 key/value 对保存到输出文件中。

上述 5 个步骤带来的最大优势是组件化与并行化。为了实现 MapReduce 编程思想，Hadoop 设计了一系列对外编程接口。用户调用这些接口能够完成 MapReduc 程序的开发。

5.4.1　MapReduce 的编程接口

如图 5.10 所示，MapReduce 模型对外提供了编程接口体系，整个模型位于应用程序层和执行器之间，可分为两层。

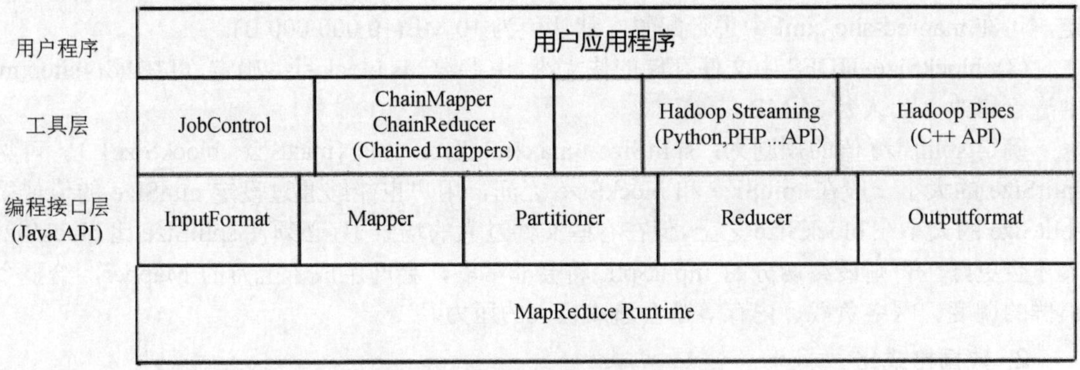

用户程序
用户应用程序
工具层
JobControl
ChainMapper
ChainReducer
(Chained mappers)
Hadoop Streaming
(Python,PHP...API)
Hadoop Pipes
(C++ API)
编程接口层
(Java API)
InputFormat
Mapper
Partitioner
Reducer
Outputformat
MapReduce Runtime

图 5.10　MapReduce 编程接口体系

第一层是编程接口层 Java API，主要有 5 个接口：InputFormat、Mapper、Partitioner、Reducer 和 OutputFormat。Hadoop 系统直接调用 InputFormat、Partitioner 和 OutputFormat，用户只需编写 Mapper 和 Reducer 即可。

第二层是工具层，位于 Java API 之上，方便用户编写复杂的 MapReduce 程序，利用其他编程语言增加 MapReduce 计算平台的兼容性。在该层中，主要提供了 4 个编程工具包。

(1) JobControl：方便用户编写有依赖关系的 Job，这些 Job 通常会构成一个有向图，所以通常称为 DAG(Directed Acyclic Graph)Job。

(2) ChainMapper/ChainReducer：方便用户编写链式 Job，即在 Map 或者 Reduce 阶段存在多个 Mapper，形式如 [MAPPER+ REDUCER MAPPER*]。

(3) Hadoop Streaming：方便用户采用非 Java 语言编写 Job，允许用户指定可执行文件或者脚本作为 Mapper/Reducer。

(4) Hadoop Pipes：专门为 C/C++ 程序员编写 MapReduce 程序提供的工具包。

5.4.2　分片与格式化数据源

分片与格式化数据源(InputFormat)主要具有分片(Split)和数据格式化(Format)两个操作功能。

1. 分片操作

根据源数据文件的情况，分片操作按特定的规则将其划分为一系列的 InputSplit，每个 InputSplit 都将由一个 Mapper 进行处理。其中，InputSplit 包含了所有各分片的数据信息，如文件块信息、起始位置、数据长度、所在节点列表等，只要分析 InputSplit 就能够查到分片的所有数据。

分片过程中最主要的目的是确定参数 splitSize，splitSize 即分片数据大小，该值一旦确定，就依次将源文件按该值进行划分。如果文件小于该值，那么这个文件会成为一个单独的 InputSplit；如果文件大于该值，则按 splitSize 进行划分后，剩下不足 splitSize 的部分称为一个单独的 InputSplit。在 MRv2 版本中，splitSize 由 3 个值确定，即 minSize、maxSize 和 blockSize。

(1) minSize：splitSize 的最小值，由参数 mapred.min.split.size 确定，可在 mapred-site.xml 中进行配置，默认为 1 MB。

(2) maxSize：splitSize 的最大值，由参数 mapreduce.jobtracker.split.metainfo.maxsize 确定，可在 mapred-site .xml 中进行配置，默认值为 10 MB(10 000 000 B)。

(3) blockSize：HDFS 中文件存储的块大小，由参数 dfs.block.size 确定，可在 hdf- site.xml 中进行修改，默认为 64 MB。

确定 splitSize 值的规则为：splitSize= max{minSize，min{maxSize .blockSize} }。可见 splitSize 的大小一般在 minSize 和 blockSize 之间，用户也能够通过设定 minSize 的值使得 splitSize 的大小在 blockSize 之上。但在有些文件过大的场景中，必须使 splitSize 比 blockSize 大才会更好，否则最终切分的 InputSplit 将会非常多，会产生成千上万的 Mapper，给整个集群的调度、网络负载、内存等都会造成极大的压力。

2. 数据格式化

Format 将划分好的 InputSplit 格式化成 <key,value> 形式的数据，其中 key 为偏移量，value

为每一行的内容。在 Map Task 执行的过程中，会不停地执行上述操作，每生成一个 <key, value> 数据，便会调用一次 Map 函数，同时把值传递过去，如图 5.11 所示。

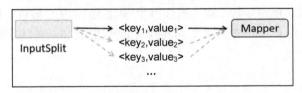

图 5.11　每产生一个 <key,value>，便调用一次 Map 函数

在 5.6.1 小节的实例 Word Count 中，输入文件只是 5 个很小的文本文件，远远没有达到要将单个文件划分为多个 InputSplit 的程度，所以，每个文件自己本身会被划分成一个单独的 InputSplit，划分好后，InputFormat 会对 InputSplit 执行格式化操作，形成 <key,value> 形式的数据流。其中 key 为偏移量，从 0 开始，每读取一个字符(包括空格)增加 1；value 则为一行字符串，如图 5.12 所示。

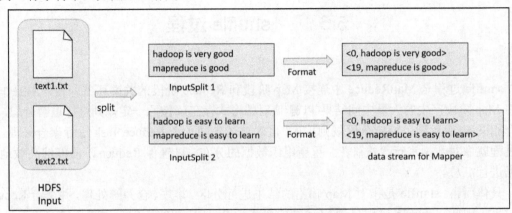

图 5.12　InputFormat 处理演示

5.4.3　Map Task

每个 Map Task 能够分为 4 个阶段：Record Reader、Mapper、Combiner 和 Partitioner。Map Task 的输出被称为中间键和中间值，被发送到 Reducer 做后续处理。

1. Record Reader

Record Reader 通过输入格式将输入数据 split 解析成记录，但不负责解析记录本身。它将数据转换为键/值(key/value)对的形式，并传递给 Mapper 处理。通常键 key 是数据在文件中的位置，值 value 是组成记录的数据块。

2. Mapper

在 Mapper 中，用户定义的 Map 代码通过 Record Reader 获得每个键/值对，产生零个或多个新的 key/value 对。key/value 的选择对 MapreduceJob 的完成效率来说非常重要。key 是数据在 Reducer 处理时被分组的依据，value 是 Reducer 需要分析的数据。键/值对的语义设计是区别两个不同的 MapReduce 设计模式的重要依据。

3. Combiner

Combiner 是可选的本地 Reducer，能够在 Map 阶段聚合数据。通过执行用户指定的 Mapper 中间键，Combiner 对 Map 的中间结果进行单个 Map 范围内的聚合。例如，一个聚合的计数是每个部分计数的总和，用户能够先将每个中间结果取和，再将中间结果的和相加，从而得到最终结果。

4. Partitioner

Partitioner 的作用是将 Mapper 或者 Combiner 输出的键/值对拆分为分片(Shard)，每个 Reducer 对应一个分片。Partitioner 先计算目标的散列值(通常为 Md5 值)，然后通过 Reducer 个数执行取模运算 key hashcode()%(Reducer 的个数)。这种方式不仅能够随机地将整个键空间平均分发给每个 Reducer，同时也能确保不同 Mapper 产生的相同键能被分发至同一个 Reducer。

5.5　shuffle 过程

shuffle 过程是 MapReduce 中连接 Map 阶段和 Reduce 阶段的关键环节。它的主要作用是将 Map 阶段产生的大量中间结果(以键/值对的形式存在)，按照一定规则进行重新分配，使具有相同键(或者满足特定分区规则)的键/值对被送到同一个 Reduce Task 进行聚合处理。这个过程就像对数据进行"洗牌"，重新组织数据的分布，以确保 Reduce 阶段能够高效地对数据进行汇总。

具体而言，shuffle 是指对 Map 输出的结果进行分区、排序、合并等处理，并交给 Reduce 的过程。因此，shuffle 过程分为 Map 端的操作和 Reduce 端的操作，如图 5.13 所示。

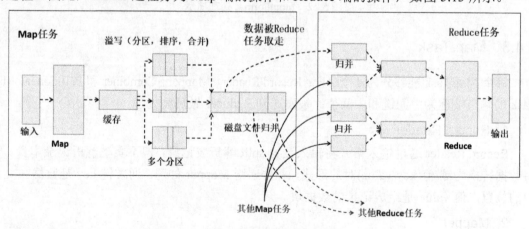

图 5.13　shuffle 过程

5.5.1　Map 端的 shuffle 过程

如图 5.14 所示，Map 端的 shuffle 过程包括 4 个步骤。

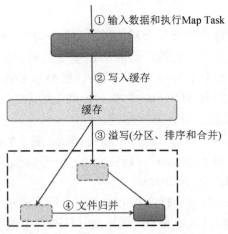

① 输入数据和执行Map Task

② 写入缓存

缓存

③ 溢写(分区、排序和合并)

④ 文件归并

图 5.14　Map 端的 shuffle 过程

1. 输入数据和执行 Map Task

Map Task 的输入数据被保存在分布式文件系统 HDFS 的文件块中。Map Task 接收 <key,value>后，按一定的映射规则将其转换成一批 <key,value> 进行输出。

2. 写入缓存

每个 Map Task 都会被分配一个缓存，在缓存中积累一定数量的 Map 输出结果以后，再一次性批量写入磁盘，这样能够大大减少对磁盘 I/O 的影响。需要注意的是，在写入缓存之前，key 与 value 值都会被序列化成字节数组。

3. 溢写(分区、排序和合并)

MapReduce 的缓存容量是有限的，默认大小是 100 MB。随着 Map Task 的执行，缓存中 Map 结果的数量会不断增加，很快就会占满整个缓存。因此，系统必须启动溢写(spill)操作，把缓存中的内容一次性写入磁盘，并清空缓存。

但是，在溢写到磁盘之前，缓存中的数据首先会被分区(Partition)。缓存中的数据是 <key,value> 形式的键值对，这些键值对最终需要交给不同的 Reduce Task 进行并行处理。

MapReduce 通过 Partitioner 接口对这些键值对进行分区，默认采用的分区方式是先用 Hash 函数对 key 进行哈希计算后，再用 Reduce Task 的数量进行取模。

对于每个分区内的所有 <key,value>，后台线程会根据 key 对它们进行内存排序(Sort)，排序是 MapReduce 的默认操作。排序结束后，还包含一个可选的合并(Combiner)操作。如果用户事先没有定义 Combiner 函数，就不用进行合并操作。如果用户事先定义了 Combiner 函数，则这个时候会执行合并操作，从而减少需要溢写到磁盘的数据量。

所谓 "Combiner"，是指将那些具有相同 key 的键值对 <key,value> 的 value 加起来。例如，有两个键值对 <"xmu",1> 和 <"xmu",1>，经过 Combiner 操作以后就能够得到一个键值对 <"xmu",2>，减少了键值对的数量。

经过分区、排序以及可能发生的 Combiner 操作之后，缓存中的 <key,value> 就能够被写入磁盘，并清空缓存。每次溢写操作都会在磁盘中生成一个新的溢写文件，写入溢写文件中的所有键值对 <key,value> 都是经过分区和排序的。

4. 文件归并

每次溢写操作都会在磁盘中生成一个新的溢写文件，随着 MapReduce Task 的进行，磁盘中的溢写文件数量会越来越多。当然，如果 Map 输出结果很少，则磁盘上只会存在一个溢写文件，但是通常都会存在多个溢写文件。最终，在 Map Task 全部结束之前，系统会对所有溢写文件中的数据进行归并(Merge)，生成一个大的溢写文件，这个大的溢写文件中的所有键值对 <key,value> 也是经过分区和排序的。

所谓"Merge"，是指具有相同 key 的键值对会被 Merge 成一个新的键值对。具体而言，若干个具有相同 key 的键值对 $<key_1,value_1>,<key_2,value_2>,\cdots,<key_n,value_n>$ 会被 Merge 成一个新的键值对 $<key_1<value_1,value_2,\cdots,value_n>>$。

另外，进行文件 Merge(Merger)时，如果磁盘中已经生成的溢写文件的数量超过参数 min.num.plls.for.cobinen 的值(默认值是 3，用户能够修改这个值)时，那么，就能够再次运行 Combiner 对数据进行合并操作，从而减少写入磁盘的数据量。

经过上述 4 个步骤，Map 端的 shuffle 过程全部完成，最终生成的大文件会被存放在本地磁盘上。这个大文件中的数据是被分区的，不同的分区会被发送到不同的 Reduce Task 进行并行处理。JobTracker 会一直监测 Map Task 的执行情况，当监测到一个 Map Task 完成后，就会立即通知相关的 Reduce Task 来"领取"数据，然后开始 Reduce 端的 shuffle 过程。

5.5.2 Reduce 端的 shuffle 过程

相对于 Map 端而言，Reduce 端的 shuffle 过程简单许多，只需要从 Map 端读取 Map 结果，执行 Merge(Merger)操作，最后输送给 Reduce Task 进行处理。具体而言，Reduce 端的 shuffle 过程包括 3 个步骤，如图 5.15 所示。

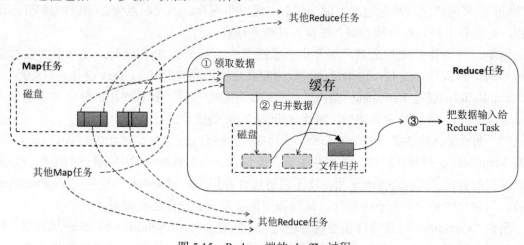

图 5.15　Reduce 端的 shuffle 过程

1. 领取数据

Map 端的 shuffle 过程结束后，所有 Map 输出结果都保存在 Map 机器的本地磁盘上，Reduce Task 需要把这些数据"领取"(Fetch)回来存放到自己所在机器的本地磁盘上。因此，在每个 Reduce Task 真正开始之前，它大部分时间都在从 Map 端把属于自己处理的那些分区的数据 Fetch 过来。

　　每个 Reduce Task 会不断地通过 RPC 向 JobTracker 询问 Map Task 是否已经完成；JobTracker 监测到一个 Map Task 完成后，就会通知相关的 Reduce Task 来"领取"数据；一旦一个 Reduce Task 收到 JobTracker 的通知，它就会到该 Map Task 所在机器上把属于自己处理的分区数据领取到本地磁盘中。一般系统中会存在多个 Map 机器，因此 Reduce Task 会使用多个线程同时从多个 Map 机器 Fetch 数据。

2．归并数据

　　从 Map 端领回的数据首先会被存放在 Reduce Task 所在机器的缓存中，如果缓存被占满，就会像 Map 端一样被溢写到磁盘中。由于在 shuffle 阶段 Reduce Task 还没有真正开始执行，因此，这时能够把内存的大部分空间分配给 shuffle 过程作为缓存。

　　需要注意的是，缓存中的数据是来自不同的 Map 机器的，一般会存在很多能够合并(Combine)的键值对 <key,value>。当溢写过程启动时，具有相同 key 的键值对 <key,value> 会被 Merge。每个溢写过程结束后，都会在磁盘中生成一个溢写文件，因此磁盘上会存在多个溢写文件。最终，当所有的 Map 端数据都已经被领回时，多个溢写文件会被 Merger 成一个大文件，Merger 的时候还会对键值对 <key,value> 进行排序，从而使得最终大文件中的键值对都是有序的。

　　当然，在数据很少的情形下，缓存能够存储所有数据，就不需要把数据溢写到磁盘中，而是直接在内存中执行 Merger 操作，然后直接输入给 Reduce Task。

3．把数据输入给 Reduce Task

　　磁盘中经过多轮 Merger 后得到的若干个大文件，不会继续 Merger 成一个新的大文件，而是直接输入给 Reduce Task，这样能够减少磁盘读写开销。由此，整个 shuffle 过程顺利结束。接下来，Reduce Task 会执行 Reduce 函数中定义的各种映射，输出最终结果，并保存到分布式文件系统 HDFS 中。

4．Reduce 过程

　　Reducer 接收 <key,{value list}> 形式的数据流，形成 <key,value> 形式的数据输出，输出数据直接写入 HDFS，具体的处理过程可由用户定义。在 WordCount 中，Reducer 会将相同 key 的 value list 进行累加，得到这个单词出现的总次数，然后输出。Reduce 过程如图 5.16 所示。

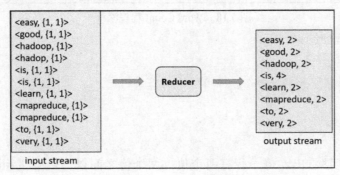

图 5.16　Reduce 过程

5.6   MapReduce 程序的编写

本节以经典的词频统计(Word Count)程序为例,介绍 MapReduce 程序编写的流程。

5.6.1   Word Count 程序

Word Count 的英文意思为"词频统计",该程序是统计文本文件中各单词出现的次数,其特点是以"空字符"为分隔符将文本内容切分成一个个单词,并不检测这些单词是不是真的单词,其输入文件可以有多个,但输出文件只有一个。这里简单写 5 个小文件,内容如图 5.17 所示。

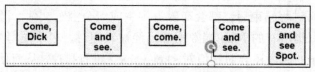

图 5.17   5 个输入文件

然后把这 5 个文件存入 HDFS,并用 Word Count 程序进行处理,最终结果会存储在指定的输出目录中,其程序流程如图 5.18 所示。

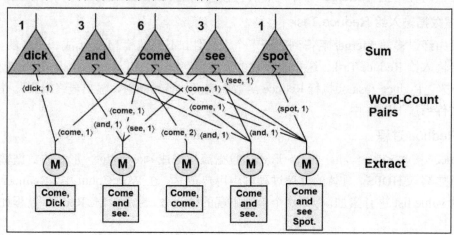

图 5.18   Word Count 程序流程

Word Count 程序结果如下:

```
dick    1
spot    1
see     3
and     3
come    6
```

从程序结果能够看出,每一行有两个值,两个值之间以一个缩进相隔。第一个值为 key,也就是 Word Count 找到的单词;第二个值为 value,是各个单词出现的次数。整体结果按 key 进行升序排列，这也是 MapReduce 过程进行了排序的一种表现。

MapReduce 程序的编写遵循固定的流程。首先，编写 Map 函数和 Reduce 函数，并使用单独的函数测试确定函数的运行正确性。接着，写一个驱动程序来运行 Job，用本地的集成开发环境(Integrated Development Environment，IDE)中的一个小的数据集来检验并调试驱动程序，确保其能正确运行。然后，根据这些调试信息，改进 Mapper 或 Reducer，使其能正确处理类似输入数据。

5.6.2　Map 端处理

Map 端处理的是纯文本文件，每一行有若干个单词，单词之间用空格隔开，Map 端的 Task 是把每一个单词提取出来，然后以 key-value 的形式写到 context 中，形式如 <单词,1>，代码如下：

```
public static class WordCountMapper extends Mapper<LongWritable, Text, Text,IntWritable>{
        @Override
        protected void map(LongWritable key, Text value, Context context)
                throws IOException, InterruptedException {
            //将输入的数据按空格分开，map 方法一次只针对一行进行处理
            String [] words = value.toString().split("");
    //将每个单词都以<单词，1>的形式写入 context 中，1 代表这个单词出现了一次
        for (String word : words) {
                context.write(new Text(word), new IntWritable(1));
            }
        }
    }
```

首先，HDFS 的文件被分为固定大小的数据块(Hadoop1.x 默认为 64 MB，2.x 默认为 128 MB)，然后被分片，每一片对应一个 Map 任务，每个 Map 任务由一个 Mapper 对象处理。处理方法是不断调用 map 方法对每一行进行处理，map 方法每次处理一行。LongWritable 是指偏移量，Text 是指这一行的文本，Text 和 IntWritable 是指输出的 key 和 value 的类型。一般 Map 端的输入 key 和输入 value 固定是 LongWritable 和 Text，而输出 key 和 value 则根据 Reduce 端的需要来自行选择。

5.6.3　Reduce 端处理

Reduce 端接收的数据是 Map 端写入 context 的数据经过排序之后得到的数据。在排序的过程中，Reduce 会把具有相同key值的key-value对进行合并。合并后的结果形如 <key,<value1,value2,value3,value4>>，所以 Reduce 端的 reduce 方法接收的参数是 key 和 Iterable。Reduce 端处理的代码如下：

```
public static class WordCountReducer extends Reducer<Text, IntWritable, Text, IntWritable>{
        @Override
        protected void reduce(Text key, Iterable<IntWritable> value,Context context) throws IOException,
InterruptedException {
```

```
//sum 代表单词出现的次数
int sum = 0;
//用 for each 累加得到单词总的出现次数
for (IntWritable intWritable : value) {
    sum += intWritable.get();
}
//写入到最终结果
context.write(key, new IntWritable(sum));
    }
}
```

5.6.4 本地测试

上述的 WordCountMapper 和 WordCountReducer 类是 Word Count 的内部类，它们分别实现了 map 和 reduce 方法，主函数存在 Word Count 中，在主函数 main()中进行测试，代码如下：

```
public static void main(String[] args) throws IOException, ClassNotFoundException, InterruptedException {
Configuration conf = new Configuration();
//设置这两个参数，这样就能本地运行了，一个是指定文件系统，一个是指定 MapReduce 运行框架
conf.set("fs.defaultFS", "file:///");
conf.set("mapreduce.framework.name", "local");
    Job job = Job.getInstance(conf);
    job.setJarByClass(WordCount.class);
    //设置 Mapper 类和 Reducer 类
    job.setMapperClass(WordCountMapper.class);
    job.setReducerClass(WordCountReducer.class);
    //设置 Map 端输出 key 类和输出 value 类
    job.setMapOutputKeyClass(Text.class);
    job.setMapOutputValueClass(IntWritable.class);
    //设置 Reduce 端输出 key 类和输出 value 类
    job.setOutputKeyClass(Text.class);
    job.setOutputValueClass(IntWritable.class);

    FileInputFormat.addInputPath(job,new Path(args[0]));
    FileOutputFormat.setOutputPath(job,new Path(args[1]));
    //执行 Task
    boolean status = job.waitForCompletion(true);
    System.out.println(status);
}
```

注意：程序在 eclipse 中运行时要在 Run Configurations 中设置好参数，第一个参数是输入文件的路径，第二个参数是输出文件的目录，输出文件的目录必须不存在。这里是在代码中设置参数来实现本地运行。

输出文件有两个：一个是_SUCCESS，代表 MapReduce 程序运行成功；另一个是 part-r-00000，代表结果。

▲ 本 章 小 结 ▲

本章介绍了 MapReduce 的技术架构，详细阐述了 Map、shuffle 和 Reduce 每个部分的编程原理及操作流程。最后以简单的 Word Count 程序为实例，详细演示了编写 MapReduce 程序代码的流程。

▲ 习　　题 ▲

一、术语解释

1. master/slave　　2. Client　　　　3. JobTracter　　4. TaskTracter
5. Map　　　　　　6. Reduce　　　　7. split　　　　8. Format
9. shuffle　　　　　10. Partition　　　11. Combiner　　12. Merger

二、简答题

1. 简述 MapReduce 分布式编程思想。
2. 简述 MapReduce 物理架构的组成及每个部件的主要功能。
3. 简述 Map 和 Reduce 两个阶段的工作流程。
4. 简述 MapReduce 编写程序的主要步骤。
5. 简述 Map 任务工作流程的主要步骤。
6. 简述 Reduce Task 工作流程的主要步骤。
7. 简述 Map 阶段和 Reduce 阶段中 shuffle 的主要功能及其联系。
8. MapReduce 的编程体系接口主要包含哪些组件？

第6章 MapReduce 作业运行机制

MapReduce 的程序主要是指用户编写的代码部分，只包括定义 Map 函数和 Reduce 函数的具体逻辑。MapReduce 的作业(Job)是一个完整的数据处理过程，除包含 MapReduce 程序的内容(输入数据、Map 函数、Reduce 函数以及输出数据等)以外，它还包含资源分配、任务调度等内容。例如，单词频率程序的 MapReduce 作业的输入是文档内容，Map 函数负责提取单词并生成单词计数的中间结果，Reduce 函数负责汇总相同单词的计数，其输出是每个单词及其出现频率的结果。除此之外，还需要在集群环境中分配合适数量的 Map 和 Reduce 任务到不同的计算节点，以实现数据的并行处理。因此，本章将讲解 MapReduce 作业的运行机制，为解决复杂的大数据处理问题奠定基础。

6.1　开发环境的配置

执行 MapReduce 作业需要配置相应的程序开发环境，本节将介绍如何配置相应的程序开发环境。

6.1.1　配置 API

Hadoop 中有许多组件，这些组件相互配合以实现强大的功能，而这些组件的配置可由 Hadoop 的 API 完成。

1. API 的组成

API 的组成如下(每个部分是一个 jar 包)：

(1) org.apache.hadoop.conf 定义了处理系统参数的 API；

(2) org.apache.hadoop.fs 定义了抽象的文件系统 API；

(3) org.apache.hadoop.dfs 定义了 Hadoop 分布式文件系统(HDFS 模块)的实现；

(4) org.apache.hadoop.mapred Hadoop 定义了分布式计算系统(MapReduce)模块的实现，包括任务的分发调度；

(5) org.apache.hadoop.ipc 是用于网络服务端和客户端的工具，它封装了网络异步 I/O 的基础模块；

(6) org.apache.hadoop.io 定义了 Hadoop 通用的 I/O API。

本书主要使用的是 org.apache.hadoop.conf。其中的 Configuration 类的一个实例代表了 Hadoop 集群的配置，配置类似于 Map，由属性及值组成。其中属性为 String 类型，值则能够为 Java 基本类型、其他有用类型(如 String、Class 和 Java.Io.File)及 String 集合。

2. 初始化 API

1) 静态代码块

静态代码块在构造方法之前执行，同时加载 core-default.xml 和 core-site.xml 两个文件，Configuration 的子类也会同样加载这两个文件。静态代码块的构造方法如下：

(1) Configuration()：调用参数为 true 的构造方法；

(2) Configuration(boolean loadDefaults)：确认是否加载默认配置；

(3) Configuration(Configuration other)：复制 Configuration。

2) 加载资源的方法

(1) addResource()方法。该方法有 6 种能够进行加载数据的方式：输入流、HDFS 文件路径、WEB、URL、CLASSPATH 资源以及 Configuration 对象。这些方式都会将参数封装成 Resource 对象，传递给 addResourceObject 方法并调用该方法。在 addResourceObject 方法中，将 Resource 对象加入 resources 中并调用 reloadConfiguration 方法。

(2) addDefaultResource()方法。这是一个静态方法。加载完后创建的 Configuration 对象都会有相应的配置文件。假设现在有一个配置文件 configuration-default.xml 如下：

```
<configuration>
<property>
    <name>fs.defaultFS</name>
    <value>hdfs://mycluster</value>
</property>
<property>
    <name>hadoop.tmp.dir</name>
    <value>/usr/local/hadooptmpdir</value>
</property>
<property>
    <name>age</name>
    <value>18</value>
    <final>true</final>
</property>
</configuration>
```
这里的信息能够通过如下的方式读取：
```
Configuration conf = new Configuration();
conf.addResource("configuration-default.xml");
System.out.println(conf.get("fs.defaultFS"));
System.out.println(conf.get("hadoop.tmp.dir"));
System.out.println(conf.get("age"));
```

输出结果如下：

hdfs://mycluster

/usr/local/hadooptmpdir

如果有多个配置文件，且配置文件之间有重复的属性(Name 重复)，那么将会以最新的 Value 覆盖旧的 Value。但是被标记为 Final 的属性是不能更改的。假设有另一个新配置文件 configuration-new.xml，其内容如下：

```xml
<?xml version="1.0" encoding="UTF-8"?>
<?xml-stylesheet    type="text/xsl" href="configuration.xsl"?>
<configuration>
<property>
    <name>fs.defaultFS</name>
    <value>new</value>
</property>
<property>
    <name>hadoop.tmp.dir</name>
    <value>new</value>
</property>
<property>
    <name>age</name>
    <value>new</value>
    <final>true</final>
</property>
</configuration>
```

使用如下代码读取配置后，会出现 fs.defaultFS 和 hadoop.tmp.dir 属性值改变为"new"，而 age 属性不变的情况。

```java
Configuration conf = new Configuration();
conf.addResource("configuration-default.xml");
conf.addResource("configuration-site.xml");
System.out.println(conf.get("fs.defaultFS"));
System.out.println(conf.get("hadoop.tmp.dir"));
System.out.println(conf.get("age"));
```

6.1.2   配置管理

在开发 Hadoop 应用时，经常需要在本地运行和集群运行之间切换，因此需要通过不同 Hadoop 配置文件进行配置管理，完成集群配置，在运行时指定连接。常用的配置方式如下。

1. 基于环境变量

配置好环境变量 HADOOP_CONF_DIR 后，当 Hadoop 再次使用 Configuration conf = new

Configuration()时，就会自动加载该变量指向的目录下的资源文件。

2. 使用 Hadoop 自带工具的-conf 参数

具体方法：hadoop fs -conf [config local path] [cmd]。

实例：hadoop fs -conf conf/hadoop-local.xml -ls。

如果省略-conf 选项，则能够从$HADOOP_HOME 的 etc/hadoop 子目录中找到 Hadoop 的配置信息。如果已经设置了 HADOOP_CONF_DIR，则 Hadoop 的配置信息将从那个位置读取。

3. 在代码中设置

在进行 Hadoop 集群配置工作时，开发人员可通过代码，利用 Configuration 对象的 set 方法来灵活设置参数，从而满足不同的配置需求。

6.1.3　用于简化的辅助类

为了简化命令行方式运行作业，Hadoop 自带了一些辅助类，主要包括 GenericOptionsParser、Tool 和 ToolRunner。其中，GenericOptionsParser 是一个类，它允许从命令行接收参数，然后把参数添加到 Configuration 对象中，这样就能够动态添加参数，而不需要修改配置文件或者 Java 代码。系统通常不直接使用 GenericOptionsParser，更方便的方式是实现 Tool 接口，通过 ToolRunner 来运行应用程序，ToolRunner 内部调用 GenericOptionsParser，如图 6.1 所示。

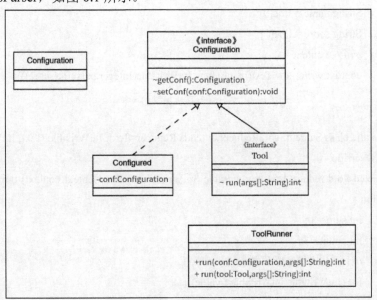

图 6.1　辅助类方法

首先，自定义一个 MyTool 类继承 Configured 并实现 Tool 接口，重写 Tool 中的 run 方法。然后，在 main 方法中，利用 ToolRunner 的静态方法 run，调用自定义的 MyTool 类对象的 run 方法。ToolRunner 的静态方法 run 如 Public static int run(Configuration conf, Tool tool, String[] args)。这个方法调用 Tool 的 run(String[])方法，并使用 conf 以及 args 中的参数，而

args 一般来源于命令行。

由于 ToolRunner 类中使用了 GenericOptionsParser 类来处理命令行参数,因此只要关心自定义类的 MyTool 的 run 方法,而不必使用 GenericOptionsParser。这样做不需要编写处理命令行参数的代码,也能通过命令行来添加配置信息。

6.2 MapReduce 程序运行实例

本节以学生成绩处理程序为例,阐述在 Hadoop 集群上运行 MapReduce 程序的主要方式:程序打包、本地模式运行程序和集群模式运行程序。

编写程序对某个班级学生的多门课程成绩进行处理,要求每一行代表一个学生和该学生的一门课程成绩,如果学生有多门课程成绩,则分多行存储,代码如下:

```
public class StudentScore {
    public static class StudentScoreMapper extends Mapper<LongWritable, Text, Text, IntWritable>{
            protected void map(LongWritable key, Text value, Context context) throws java.io.
IOException, InterruptedException {
            //将成绩和分数分开
            String [] line = value.toString().split("");
            String name = line[0];
            String score = line[1];
            //写入 context 中
            context.write(new Text(name),new IntWritable(Integer.parseInt(score)));
        };
    }
    public static class StudentScoreReducer extends Reducer<Text, IntWritable, Text, IntWritable>{
        @Override
        protected void reduce(Text key, Iterable<IntWritable> value,Context context) throws IOException,
InterruptedException {
            int sum = 0;
            int count = 0;
            //计算总成绩和学科数量
            for (IntWritable intWritable : value) {
                sum += intWritable.get();
                count ++;
            }
            //计算平均分
            int avg = (int) sum/count;
            //写入最终结果
```

```
            context.write(key, new IntWritable(avg));
        }
    }
    public static void main(String[] args) throws IllegalArgumentException, IOException,
ClassNotFoundException, InterruptedException {
        Configuration conf = new Configuration();
            Job job = Job.getInstance(conf);

            job.setJarByClass(StudentScore.class);
            //设置 Mapper 类和 Reducer 类
            job.setMapperClass(StudentScoreMapper.class);
            job.setReducerClass(StudentScoreReducer.class);
            //设置 Map 端输出 key 类和 value 类
            job.setMapOutputKeyClass(Text.class);
            job.setMapOutputValueClass(IntWritable.class);
            //设置 Reduce 端输出 key 类和 value 类
            job.setOutputKeyClass(Text.class);
            job.setOutputValueClass(IntWritable.class);
            FileInputFormat.addInputPath(job,new Path(args[0]));
            FileOutputFormat.setOutputPath(job,new Path(args[1]));
            //执行任务
            boolean status = job.waitForCompletion(true);
    }
}
```

6.2.1　程序打包

为了能够在命令行中运行程序，需要先把程序打包，具体步骤如下：

(1) 添加 classpath，使用命令 sudo vim /etc/profil 添加内容，添加前确保已经配置了 HADOOP_HOME 环境变量，配置方法如下：

```
export CLASSPATH=$($HADOOP_HOME/bin/hadoop classpath):$CLASSPATH
```

(2) 使用命令 source /etc/profile 刷新文件，执行以下命令进行编译：

```
javac StudentScore.java
```

(3) 执行完上述两步后，会发现多出来以下 3 个文件：

① StudentScore.class

② StudentScore$StudentScoreMapper.class

③ StudentScore$StudentScoreReducer.class

(4) 执行命令 "jar -cvf StudentScore.jar ./StudentScore*.class"，生成打包的 jar 文件：StudentScore.jar。

6.2.2　本地模式运行程序

本地模式运行程序的步骤如下：

(1) 在代码的 main()函数中加入以下两行代码以实现本地运行，此步在打包前执行。

① conf.set("fs.defaultFS", "file:///");

② conf.set("mapreduce.framework.name", "local");

(2) 启动命令"hadoop jar<jar 包路径><主类全限定名>[参数 1][参数 2]"。

① 参数 1 和参数 2 根据代码中的 args[0]和 args[1]确定，在这里用作输入文件路径和输出文件路径。注意：如果当前的目录位置不在 jar 包所在的目录下，则 jar 包路径是 jar 包的绝对路径。

② StudentScore.jar 包目录为"hadoop jar StudentScore.jar StudentScore studentscore.txt output"。

(3) 输入学生的成绩文件后，能够看到程序运行过程如下：

```
19/07/1221:51:22 INF0 Configuration.deprecation:session.id is deprecated.Instead,use dfs.metrics.session id
19/07/1221:51:22 INF0 jvm.JvmMetrics:Initializing JVM Metrics with processName=JobTracker,sessionId=
19/07/1221:51:23 WARN mapreduce.JobResourceUploader:Hadoop command-line option parsing not performed.Implment the Tool interface and execute your application with ToolRunner to remedy this.
19/07/1221:51:23 INF0 input.FileInputFormat:Total input paths to process :1
19/07/1221:51:23 INF0 mapreduce.JobSubmitter:number of splits:1
19/07/1221:51:23 INF0 mapreduce.JobSubmitter:Submitting tokens for job:job_local608490338_0001
19/07/1221:51:23 INF0 mapreduce.Job:The url to track the job:http://localhost:8080/
19/07/1221:51:23 INF0 mapreduce.Job:Running job:job_local608490338_0001
19/07/1221:51:23 INF0 mapred.LocalJobRunner:OutputCommitter set in config null
19/07/1221:51:23 INF0 output.FileoutputCommitter:File Output Committer Algorithm version is 1
19/07/1221:51:23 INF0 mapred.LocalJobRunner:OutputCommitter is org.apache.hadoop.mapreduce.lib.output.File outputCommitter
19/07/1221:51:24 INF0 mapred.LocalJobRunner:Waiting for map tasks
19/07/1221:51:24 INF0 mapred.LocalJobRunner:Starting task:attempt_local608490338_0001_m_000000_0
19/07/1221:51:24 INF0 output.FileOutputCommitter:File Output Committer Algorithm version is 1
19/07/1221:51:24 INF0 mapred.Task:Using ResourceCalculatorProcessTree:[]
19/07/1221:51:24 INF0 mapred.MapTask:Processing split:file:/usr/src/studentscore.txt:O+133
19/07/1221:51:24 INF0 mapred.MapTask:(EQUATOR)0 kvi 26214396(104857584)
```

(4) 当前目录下多了一个 output 目录，output 目录下有以下两个文件。

```
-rw-r--r--.1 root root 607 月 1221:51 part-r-00000
-rw-r--r--.1 root root 07 月 1221:51 _SUCCESS
```

其中，_SUCCESS 代表此次 mapreduce 任务成功，part-r-00000 代表此次 mapreduce 任务的结果。

(5) 查看 part-r-00000 任务，结果如下：

```
[rootghadoop01 output]#cat part-r-00000
张三 79
```

李四 86

李磊 83

林林 99

王二 84

花花 74

6.2.3　集群模式运行程序

在集群上运行程序时，不需要添加下面的两行代码。因为这两行代码用以覆盖之前已经配好的配置文件，从而实现本地运行。当不需要本地运行时，就会使用之前已经配置好的文件。

conf.set("fs.defaultFS", "file:///");

conf.set("mapreduce.framework.name", "local");

集群模式运行程序的步骤如下：

(1) 在集群上运行程序时，必须把输入文件上传到 HDFS 上，输出文件也会输出在 HDFS 中，但是 jar 包在本地文件系统。使用如下命令即可上传输入文件：

hdfs dfs -copyFromLocal　studentscore.txt /studentscore.txt

(2) 上传完后就能够运行程序，使用如下命令运行程序：

hadoop jar StudentScore.jar StudentScore /studentscore.txt /output1

程序正在运行的过程如下：

[rootghadoop01 src]#hadoop jar StudentScore.jar StudentScore /studentscore.txt /output1

19/07/1222:34:20 INF0 client.ConfiguredRMFailoverProxyProvider:Failing over to rm2

19/07/1222:34:21 WARN mapreduce.JobResourceUploader:Hadoop command-line option parsing not performed.Implement the Tool interface and execute your application with ToolRunner to remedy this.

19/07/1222:34:23 INF0 input.FileInputFormat:Total input paths to process :1

19/07/1222:34:23 INF0 mapreduce.JobSubmitter:number of splits:1

19/07/1222:34:24 INF0 mapreduce.JobSubmitter:Submitting tokens for job:job_1562941817320_0001

19/07/1222:34:25 INF0 impl.YarnClientImpl:Submitted application application_1562941817320_0001

19/07/1222:34:25 INF0 mapreduce.Job:The url to track the ob:http://hadoop 02:8088/proxy/application_156294

1817320_0001/

19/07/1222:34:25 INF0 mapreduce.Job:Running job:job_1562941817320_0001

19/07/1222:34:48 INF0 mapreduce.Job:Job job_15629418173200001 running in uber mode :false

19/07/1222:34:48 INF0 mapreduce.Job:map 0%reduce 0%

19/07/1222:36:32 INF0 mapreduce.Job:map 100%reduce 0%

19/07/1222:37:30 INF0 mapreduce.Job:map 100%reduce 100%

19/07/1222:37:37 INF0 mapreduce.Job:Job job_1562941817320_0001 completed successfully

19/07/1222:37:39 INF0 mapreduce.Job:Counters:49

(3) 运行完毕后同样有两个文件，直接查看 part-r-00000，能够看到如下结果。

```
[rootghadoop01 src]#hdfs dfs -cat /outputl/part-r-00000
张三 79
李四 86
李磊 83
林林 99
王二 84
花花 74
```

6.3　MapReduce 程序性能调优方法

Hadoop 平台自带的 Web 界面能够很方便地查看 Job(MapReduce 作业)运行情况和集群状态。在 Web 页面中，通过链接 http://localhost:50070，能够查看 HDFS 文件系统上文件的详细信息以及集群中节点的存活情况。

本节之前的介绍只关注 MapReduce 程序的逻辑问题，没有关注其性能问题。但是，实际应用中往往更关注程序的性能。对程序性能的关注可以分为两个方面：一个是时间性能，一个是空间性能。如何在实际应用中使时间更短、空间更小是本节讨论的重点。常用的性能调优方法有以下 4 种。

1. 输入数据采用大文件

小文件是指比默认数据块小得多的文件，即使文件小于数据块的默认大小(128 MB)，HDFS 系统仍然会把文件分成一个数据块。一个 Map 任务只能针对一个块处理，这样一个小文件就对应一个 Map 任务，很多的小文件就会产生很多 Map 任务，每次执行新的 Map 任务都会造成一定的性能损失。因此在实际处理中要尽量避免使用小文件或者对小文件进行合并预处理。

对小文件进行合并预处理还能够减少占用的 HDFS 空间，也能够借助 Hadoop 提供的 CombineFileInputFormat 来合并小文件。CombineFileInputFormat 是一种新的 inputformat，用于将多个文件合并成一个单独的 split(数据分片)，这样 Map 任务就能够处理更多的数据。另外，它会考虑数据的存储位置，从而决定将哪些文件打包到一个 split 中。

2. 压缩文件

分布式文件系统中，各个节点之间需要交换数据。如果数据量较大，则交换数据花费的时间较长。如果对数据进行压缩，则能够减少网络间传输的数据量，从而加快数据传输速度。

Map 端输出的结果经过 shuffle 后传输到 Reduce 端。Map 端把输出先写到内存中，如果数据量超过所设定的值，则输出就会被溢写到磁盘中。等 Map 端完成所有任务，Reduce 端就会读取磁盘中 Map 端的输出结果。如果 Map 端输出的数据量较大，则从 Map 端到 Reduce 端传输数据会花费较多时间。

因此，系统通过将 mapred.compress.map.out 属性设置为 true 来启用压缩，将 mapred.output.compression.codec 属性设置为所使用的压缩编码/解码器类名。

3. 过滤数据

Map 端输出的数据经过 shuffle 后，通过网络到达 Reduce 端，如果在 Map 端剔除一些不必要的数据，则会减少 Map 端输出的数据量，进入 shuffle 的数据变少，shuffle 处理和网络传输的速度也能更快。

4. 修改作业属性

通过修改配置文件的参数来使作业更流畅。例如 core-site.xml 文件中的 Io.file.buffer.size 参数的默认值 4096(4 K)作为 Hadoop 文件的缓冲区，用于 HDFS 文件的读写。Map 输出的结果也能够用该缓冲区进行缓存，较大的缓存能提高数据传输的速度，可减少 I/O 次数。

6.4　复杂 MapReduce 编程

MapReduce 编程问题的复杂度往往体现在 MapReduce 作业执行过程中。换而言之，复杂的编程任务需要分配给多个作业完成，而不应把所有任务交给一个作业，后者会导致 Map 和 Reduce 函数的复杂度提升。对于复杂的工作任务，也可以考虑使用比 MapReduce 更高级的语言来处理，如 Pig、Have，以便更专注于分析问题，而不必过多关注把复杂问题转换为 MapReduce 的模型。

例如，在处理学生成绩问题时，通常一个学生会有平时成绩和考试成绩，按照一定比例结合后是学生的总成绩，之后再对学生成绩进行处理，比如剔除不及格数据和成绩排序处理等。因此，程序流程需要分为两步：第一步是计算总成绩，第二步是对第一步得到的结果再次处理。在编写 MapReduce 程序时，可以把这两步分别交给两个 MapReduce 作业去做，如果交给一个作业，那么这一个作业的 Map 函数和 Reduce 函数的复杂度就会提升。

6.4.1　MapReduce Job 全局数据共享

既然是多个 MapReduce 作业去解决一个问题，那么肯定会遇到数据共享问题，有时候一个 MapReduce 作业不仅需要使用上一个 MapReduce 作业的结果，还要使用共享的数据。这导致全局变量的使用是不可避免的。然而，在 MapReduce 中，直接使用代码级别的全局变量是不现实的。因为继承 Mapper 基类的 Map 阶段类的运行和继承 Reducer 基类的 Reduce 阶段类的运行都是独立的，并不共享一个 Java 虚拟机的资源。所以，需要采用以下 3 种方式进行数据共享。

1. 读写 HDFS 文件

在 MapReduce 框架中，Map Task 和 Reduce Task 都运行在 Hadoop 集群的节点上，能够通过事先放置在 HDFS 上的文件来实现全局数据共享。因此，通过读写 HDFS 中预定好的同一文件，Map Task 和 Reduce Task，甚至不同的 Job 都能够实现全局共享数据。具体的实现方法是利用 Hadoop 的 Java API 来完成的。需要注意的是，多个 Map 或 Reduce 的写操作会产生冲突，从而覆盖原有数据，因此在写操作上要谨慎。

这种方式的优点是能够实现读写操作，也比较直观；其不足之处是，当需要共享一些很小的全局数据时，也需要使用 I/O，这将占用系统资源，增加作业完成的资源消耗。

2. 配置 Job 属性

第二种方式是利用 Task 读取 Job 属性来实现数据共享。具体而言，这种方式能够利用 Configuration 对象的 set 方法设置属性，在需要时再使用 Configuration 对象的 get 方法得到属性。

这一方式的优点是简单易实行；但其缺点也很明显，它只能针对较少的数据实现共享。

3. 使用分布式缓存

MapReduce 为应用提供了一个缓存文件的只读工具，能够完成缓存文本文件、压缩文件、jar 文件等工作。在作业配置中使用本地或 HDFS 文件的 URL，将其设置成共享缓存文件。在作业启动后，但 Task 启动前，MapReduce 将可能需要的缓存文件复制到执行任务节点的本地。

这种方式的优点是每个 Job 共享文件只会在启动之后复制一次，并且适用于大量的共享数据；其缺点是它是只读的文件。

6.4.2 MapReduce Job 链接

当将一个复杂的问题交给多个 MapReduce 作业完成时，需要保证 MapReduce 作业按照想要的顺序完成，因此需要遵循一定的 MapReduce 作业执行顺序。

1. 线性顺序执行

线性顺序执行是指将一个 MapReduce 作业的输出作为下一个 MapReduce 作业的输入，以此类推，按线性顺序完成作业。

2. 复杂顺序执行

若有作业 Job1、Job2 和 Job3、Job4，但是 Job3 的开始需要 Job1 和 Job4 的完成，这个时候使用线性顺序执行方法就不能满足需要了。MapReduce 提供了 org.apache.hadoop.mapred.jobcontrol 包中的 JobControl 类来实现更复杂的顺序关系。JobControl 的实例表示一个作业的运行图，它能够加入作业配置，然后告知 JobControl 实例作业之间的依赖关系。在一个线程中运行 JobControl 时，它将按照依赖顺序来执行这些作业，也能够查看进程，在作业结束后，能够查询作业的所有状态和每个失败相关的错误信息。如果一个作业失败了，则 JobControl 将不执行与之有依赖关系的后续作业。JobControl 作业的示例代码如下：

```
Configuration conf1 = new Configuration();
Job job1 = new Job(conf1,"Job1");
...//job1 其他设置
Configuration conf2 = new Configuration();
Job job2 = new Job(conf2,"Job2");
...//job2 其他设置
Configuration conf3 = new Configuration();
Job job3 = new Job(conf3,"Job3");
```

```
...//job3 其他设置
ControlledJob cJob1 = new ControlledJob(conf1);        //构造一个 Job
cJob1.setJob(job1);                                    //设置 MapReduce job
ControlledJob cJob2 = new ControlledJob(conf2);
cJob2.setJob(job2);
ControlledJob cJob3 = new ControlledJob(conf3);
cJob3.setJob(job3);

cJob3.addDependingJob(cJob1);                          //设置 job3 和 job1 的依赖关系
cJob3.addDependingJob(cJob2);                          //设置 job3 和 job2 的依赖关系
JobControl JC = new JobControl("123");
//把 3 个构造的 Job 加入 JobControl
JC.addJob(cJob1);
JC.addJob(cJob2);
JC.addJob(cJob3);
//启动一个线程运行 JobControl 的 run 方法
Thread t = new Thread(JC);
t.start();while (true) {
//判断作业是否执行完毕，执行完毕则停止线程
    if (jobControl.allFinished()) {
        jobControl.stop();
        break;
    }
}
```

3. ChainMapper 类和 ChainReducer 类

接下来介绍的方法仍然是一个线性顺序，与第一种方法不同的是，这种方法不会把中间结果写到本地磁盘中，而是直接把上一个 Mapper 的结果给下一个 Mapper，最终表现为一个 Task，这样能够节省 I/O 对系统资源的消耗。ChainMapper 允许多个 Mapper，可以用 ChainMapper 类的静态方法添加 Mapper，说明如下：

```
public static void addMapper(Job job,
Class< extends Mapper> mclass,
Class< extends K1> inputKeyClass,
Class< extends V1> inputValueClass,
Class< extends K2> outputKeyClass,
Class< extends V2> outputValueClass,
Configuration conf
)
```

第一个 Class 和最后一个 Class 分别为全局的 Job 和本地的 Configuration 对象。第二个参数是 Mapper 类，负责数据处理。余下的 4 个参数 inputKeyClass、inputValueClass、 outputKeyClass 和 outputValueClass 是这个 Mapper 类中输入/输出类的类型。

在 ChainMapper 里，Mapper 按照添加顺序来执行，当前 Mapper 的输出作为下一个 Mapper 的输入，因此一定要注意，下一个 Mapper 的输入值类型要与上一个 Mapper 的输出值类型相同。

在 ChainReducer 中，能够设置 Reducer 和 Mapper，但是 Reducer 之前不能设置 Mapper，ChainReducer 中只允许有一个 Reducer，但是能够有多个 Mapper，Reducer 的输入是 ChainMapper 的最后一个 Mapper 的输出，Reducer 的输出会作为 ChainReducer 中第一个 Mapper 的输入。在 ChainReducer 中，执行顺序为 Map1→Map2→Reduce→Map3→Map4。第三种方法的示例代码如下：

```
public void function throws IOException {
Configuration conf = new Configuration();
Job job = new Job(conf);

job.setJobName("chainjob");
job.setInputFormat(TextInputFormat.class);
job.setOutputFormat(TextOutputFormat.class);

FileInputFormat.addInputPath(job, in);
FileOutputFormat.setOutputPath(job, out);
//在作业中添加 Map1 阶段
Configuration map1conf = new Configuration(false);
ChainMapper.addMapper(job, Map1.class, LongWritable.class, Text.class,Text.class, Text.class, true, map1conf);
//在作业中添加 Map2 阶段
Configuration map2conf = new Configuration(false);
ChainMapper.addMapper(job, Map2.class, Text.class, Text.class,LongWritable.class, Text.class, true, map2conf);
//在作业中添加 Reduce 阶段
Configuration reduceconf = new Configuration(false);
ChainReducer.setReducer(job,Reduce.class,LongWritable.class,Text.class,Text.class,Text.class,true,reduceconf);
//在作业中添加 Map3 阶段
Configuration map3conf = new Configuration(false);
ChainReducer.addMapper(job,Map3.class,Text.class,Text.class,LongWritable.class,Text.class,true,map3conf);
//在作业中添加 Map4 阶段
Configuration map4conf = new Configuration(false);
ChainReducer.addMapper(job,Map4.class,LongWritable.class,Text.class,LongWritable.class,Text.class,true,
map4conf);

job.waitForCompletion(true);
}
```

对于任意一个 MapReduce 作业，Map 和 Reduce 阶段能够有无限个 Map 任务，但是只能有一个 Reduce。包含多个 Reduce 的作业不能使用 ChainMapper 或 ChainReducer 完成。

6.5　MapReduce 作业执行流程

如图 6.2 所示，完成一个 MapReduce 作业的具体流程为：提交作业→初始化作业→分配作业→执行任务→更新任务执行状态→作业完成。本节将较深入地介绍 MapReduce 的作业执行流程。

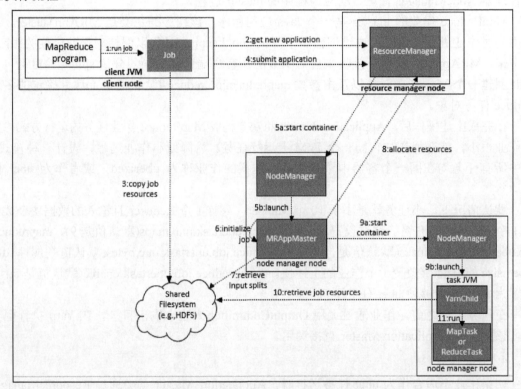

图 6.2　MapReduce 作业执行流程图

1. MapReduce 中运行的实体

在 MapReduce 的运行过程中需要多个实体对作业进行支持，具体介绍如下：

(1) 客户端：负责提交 MapReduce 作业。

(2) ResourceManager(Yarn 资源管理器)：负责协调集群上计算资源的分配。

(3) NodeManager(Yarn 节点管理器)：负责启动和监视集群中机器上的 Container(计算容器)。

(4) MapReduce Application Master(MRAppMaster)：负责协调运行 MapReduce 作业的任务。它和 MapReduce 任务在容器中运行，这些容器由 ResourceManager 分配并由 NodeManager 进行管理。

(5) 分布式文件系统(一般为 HDFS)：用于与其他实体间共享作业文件。

2. 提交作业

通过在配置文件中设置 mapreduce.framework.name 参数为 Yarn，MapReduce 作业启动 ClientProtocol。从 ResourceManager 获取新的作业 ID，作业客户端检查作业的输出说明，将作业资源、作业 jar、配置和分片信息复制到 HDFS 的临时文件中。最后，通过调用资源管理器上的 submitApplication()方法提交作业。

3. 初始化作业

当 ResourceManager 收到 submitApplciation()的消息后，便将请求传递给调度器 Scheduler。Scheduler 会分配一个容器 Container 用于运行 master 进程，同时 ResourceManager 会通过节点管理器 NodeManager 管理启动应用程序的 master 进程。

MapReduce 作业的 master 是一个 Java 应用程序，该程序的主类是 MRAppMaster。其作用为对作业进行初始化：通过创建多个簿记 bookkeeping 对象以保持对作业进度的跟踪。接下来，MRAppMaster 就会接收来自 HDFS 的在客户端计算的输入分片 split，并对每一个 split 创建一个 Map 任务对象以及由参数 mapreduce.job.reduces(默认值是 1)属性确定的多个 Reduce 任务对象。

在完成上述操作后，Application Master 将决定构成 MapReduce 作业任务的运行方式，如果作业很小，就选择在与它同一个 JVM 上运行任务。为降低小作业延迟，设计一种模式，其中所有任务均在同一个容器中顺序执行，这样的作业称为 uberized，或者作为 uber 任务运行。

默认情况下，小任务就是小于 10 个 Mapper、只有 1 个 Reducer 且输入的数据块个数小于 1 个 HDFS 块的任务。通过设置 mapreduce.job.ubertask.maxmaps(默认值是 9)、mapreduce. job.ubertask.maxreduces(默认值是 1)和 mapreduce.job.ubertask.maxbytes(默认值是属性 dfs. block.size 的值)能够改变 1 个作业的上述值。将 mapreduce.job.ubertask.enable(默认值是 false)设置为 false 也能够使 uber 任务不可用。

在任务运行之前，作业通过调用 OutputCommitter 来建立输出目录，在 Yarn 执行框架中，该方法由 Application Master 直接调用。

4. 分配作业

如果作业不适合作为 uber 任务运行时，Application Master 就会通过 ResourceManager 请求为所有的 Map 任务和 Reduce 任务分配 Container。请求的心跳信息中包括每个 Map 任务的数据本地化信息，特别是输入分片所在的主机和相应机架信息。调度器可使用这些信息进行调度决策。理想情况下，它首先将任务分配给本地机架上的某个节点，但如果不能在该节点进行分配时，调度器就会优先将任务分配给本地机架上的其他节点，而不是以非本地机架的方式分配任务。例如，某数据中心拥有 A 和 B 两个机架，其中，A 机架有 2 个节点。若无法给本地机架 A 上的节点 1 资源分配任务，则调度器首先将任务分配给机架 A 的节点 2，相比将任务分配给机架 B 的节点，这种分配方式的数据传输效率更高，能够在一定程度上弥补未实现节点本地化的不足，提升作业的整体运行效率。

请求中也设置了任务内存需求。在默认情况下，Map 任务和 Reduce 任务都分配到 1024 MB 的内存，但也能够通过 mapreduce.map.memory.mb(默认值是 1024)和 mapreduce. reduce.memory.mb(默认值是 1024)来修改设置。

在 Yarn 中，资源分配更为灵活。具体而言，Application Master 能够请求从最小到最大限制范围的任意最小值倍数的内存容量。对于容量调度器而言，默认的最小值是 1024 MB，默认的最大值是 10 240 MB。因此，任务能够通过适当设置 mapreduce.map.memory.mb 和 mapreduce.reduce.memory.mb 来请求 1 GB 到 10 GB 之间的任意 1 GB 倍数的内存容量，调度器在需要的时候使用最接近的倍数。

5. 执行任务

在调度器为任务分配了 Container 之后，Application Master 通过与 NodeManager 通信来启动容器。该任务由 Java 应用程序 YarnChild 执行。执行任务之前，首先将任务需要的资源，如作业的配置、jar 文件和所有来自分布式缓存的文件本地化，然后再运行 Map 任务或 Reduce 任务。

6. 更新任务执行状态

在 Yarn 下运行时，任务每 3 s 通过 umbilical 脐带接口向 Application Master 汇报进度和状态，作为作业的汇聚视图 aggregate view。客户端每秒通过 mapreduce.client.progressmonitor.pollinterval 设置查询一次 application master 以接收进度更新。

7. 作业完成

除了向 application master 查询进度外，客户端每 5 s 还通过调用 Job 的 waitForCompletion() 来检查作业是否完成。查询的间隔能够通过 mapreduce.client.completion.pollinterval 属性进行修改。同时，通过 HTTP 回调来完成作业也是可行的，回调由 Application Master 进行初始化。作业完成后，Application Master 和 Container 清理其工作状态，OutputCommitter 的作业清理方法会被调用。作业完成后，信息保存在作业历史服务器中，以供后续的查询。

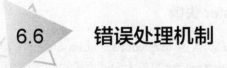

6.6　错误处理机制

Hadoop 平台运行过程中，难免会出现代码错误、进程崩溃、机器宕机等故障。因此，Hadoop 平台提供了一套错误处理机制，用来检测相关实体，比如任务、Application Master、节点管理器、资源管理器等可能出现的失败，能够及时处理故障以确保作业的成功运行。

6.6.1　任务运行失败处理

任务运行失败处理包含两个环节：任务运行失败处理机制和失败任务的重启。

1. 任务运行失败处理机制

任务运行失败处理机制包括以下内容：

(1) Map 任务或 Reduce 任务中的用户代码抛出运行异常。任务 JVM 会在退出之前向其父 Application Master 发送错误报告，错误报告会被记入用户日志，并且将此次任务尝试标记为 failed(失败)，然后释放 Container 以便资源能够被其他任务使用。

(2) 任务 JVM 突然退出。可能由于 JVM 软件缺陷而导致 MapReduce 用户代码因为某些特殊因素造成 JVM 退出。在这种情况下,TaskTracker 会注意到进程已经退出并将此次任务尝试标记为 failed(失败)。NodeManager 会注意到 JVM 已经退出,并通知 Application Master 将此次任务尝试标记为失败。

(3) 任务超时。任务超时的处理方式则有所不同,一旦 Application Master 注意到已经有一段时间没有收到进度的更新,便会将任务标记为 failed。在此之后,JVM 子进程将被杀死。任务失败的超时间隔通常为 10 min,能够以作业为基础(或以集群为基础)将 mapred.task.timeout 属性设置为以 ms 为单位的值。超时(timeout)设置为 0 将关闭超时判定,所以长时间运行的任务永远不会被标记为 failed。在这种情况下,被挂起的任务永远不会释放它的 Container 并随着时间的推移最终降低整个集群的效率。因此,尽量避免这种设置,同时充分确保每个任务能够定期汇报其进度。

2. 失败任务的重启

当 Application Master 注意到一个任务失败了之后,将会尝试重新启动该任务,但不会在之前失败的节点上执行该任务,并且尝试的次数可通过以下参数进行设置:

(1) Map 失败的最大次数:mapreduce.map.maxattempts。

(2) Reduce 失败的最大次数:mapreduce.reduce.maxattempts。如果任务被主动终止,则不会被记录到任务尝试次数中。对于一些应用程序,不希望一旦有少数几个任务失败就中止运行整个作业,因为即使有任务失败,作业的一些结果也可能还是可用的。在这种情况下,能够通过设置任务失败的最大百分比来控制任务是否标记为失败,对应的参数设置如下:

① mapreduce.map.failures.maxpercent;

② mapreduce.reduce.failures.maxpercent。

6.6.2　Application Master 失败

Application Master 尝试次数由 mapreduce.am.max-attempts 属性控制,默认值是 2。Yarn 对集群上运行的 Yarn application master 的最大尝试次数也加了限制,由属性 yarn.resourcemanage.am.max-attempts 设置,默认为 2。若想要增加 MapReduce Application Master 的尝试次数,则要先增加 Yarn 的设置。

Application Master 和资源管理器之间通过心跳机制保持通信。当 Application Master 失败时,资源管理器检测不到心跳信号,就会在一个新的容器中启动一个新的 Application Master,使用作业历史来恢复任务状态,不必重新运行 yarn.app.mapreduce.am.job.revocery.enable 来开启这个恢复功能。

客户端重定向 Application Master 地址:客户端向 Application Master 轮循进度报告,初始化时,客户端缓存 Application Master 地址,断联后,客户端会向资源管理器重新请求 Application Master 的地址。

6.6.3　NodeManager 失败

NodeManager 和 ResourceManager 之间通过心跳机制通信,当一个 NodeManager 失效时,或者运行缓慢的时候,ResourceManager 将收不到该 NodeManager 的心跳,或者心跳时间超时，此时 ResourceManager 会认为该 NodeManager 失败并将其移出可用 NodeManager 管理池。ResourceManager 将有问题的 NodeManager 从池中移出，移出的 NodeManager 上的作业未完成的，在其他节点上恢复，重新运行。心跳超时的时间通过 yarn.resourcemanager. nm.liveness-monitor.expiry-interval-ms 来配置，默认为 10 min。

节点管理器黑名单：由 Application Master 管理黑名单，对于 mapreduce 任务，在一个节点管理器上有 3 个任务失败，就会尽量将任务调度到不同的节点上。属性 mapreduce.job. maxtaskfailures.per.tracker 用于设置阈值。

6.6.4　ResourceManager 失败

ResourceManager 失败非常严重，作业和任务容器无法启动，失败的作业不能恢复。采用双机热备配置，可以获得高可用性。ResourceManager 分为主机和备机。ResourceManager 从备机切换到主机是由故障转移控制器(failover controller)处理的。运行中的应用程序的信息存储在高可用的状态存储区(ZooKeeper 或 HDFS)，资源管理器重启后，从存储区读取应用程序的信息，恢复失败的资源管理器的关键状态，重启所有应用程序的 Application Master，次数不计入 yarn.resourcemanage.am.attempts。节点管理器信息没有存储，它的信息能够被资源管理器重构。客户端和节点管理器以轮询方式连接资源管理器，一直尝试连接，直到备份资源管理器替换故障的资源管理器，表示连接成功。

6.7　MapReduce 作业调度器

目前，Hadoop 有 3 种调度器，即 FIFO、Capacity Scheduler 和 Fair Scheduler，能够调度 MapReduce 作业。

1. FIFO 调度器

FIFO 是最简单的先入先出调度器。一般情况下，一个任务占据整个集群的资源，等这个任务完成后再进行下一个任务，而下一个任务的选择，首先是按优先级选，优先级高的先执行，接着是按时间先后选，并且不支持抢占。也就是说，如果有一个任务正在执行，此时来了一个更高优先级的任务，那么当前任务不会中断，这个更高优先级的任务只能等待正在执行的任务结束后才能执行，这样就会有一个缺点，就是一个大任务会堵塞其他优先级更高的任务，而有时这个优先级更高的任务执行时间更短且更重要。

2. Capacity Scheduler 调度器

Capacity Scheduler 允许多个用户共享集群资源，每个用户分配一个队列，每个队列分配一定的集群资源。具体而言，Capacity Scheduler 具有以下的特点：

(1) 支持多个队列，每个队列可配置一定量的资源，每个队列采用 FIFO 方式调度。

(2) 为了防止同一个用户的 Job 任务独占队列中的资源，调度器会对同一用户提交的 Job 任务所占资源进行限制。

(3) 分配新的 Job 任务时，首先将每个队列中正在运行的 task 个数与其队列应该分配的资源量进行比较，然后选择比值最小的队列。比如队列 A 有 15 个 task，20%资源量，那么比值就是 15/0.2 = 75，队列 B 比值是 25/0.5 = 50，队列 C 比值是 25/0.3 = 83.33，所以选择最小值队列 B。

(4) 按照 Job 任务的优先级和时间顺序，同时要考虑到用户的资源量和内存的限制，对队列中的 Job 任务进行排序。

(5) 多个队列同时按照任务队列内的先后顺序依次执行。

3. Fair Scheduler 调度器

Fair Scheduler 的设计目标是公平地分配应用程序的资源，其具体的特征如下：

(1) 支持多个队列，每个队列能够配置一定的资源，每个队列中的 Job 任务公平共享其所在队列的所有资源(队列间公平共享集群资源)。

(2) 队列中的 Job 任务都是按照优先级分配资源的，优先级越高，分配的资源越多，但是为了确保公平，每个 Job 任务都会分配到资源。优先级是由每个 Job 任务的理想获取资源量减去实际获取资源量的差值决定的，差值越大，优先级越高。

例如，有两个用户 A 和 B，他们在一个集群中。当 A 启动一个 Job 而 B 没有任务时，A 会获得全部集群资源；当 B 启动一个 Job 后，A 的 Job 会继续运行，不过一会儿之后，两个任务会各自获得一半的集群资源。

如果此时 B 再启动第二个 Job 并且其他 Job 还在运行，则它将会和 B 的第一个 Job 共享 B 这个队列的资源，也就是 B 的两个 Job 会各用四分之一的集群资源，而 A 的 Job 仍然用集群一半的资源，结果就是资源最终在两个用户之间平等地共享。

◥ 本 章 小 结 ◥

本章进一步介绍了 MapReduce 应用程序开发和运行的关键技术和代码，包含如何利用集群进行测试，并在集群上运行。最好在集群环境下进行程序的编写和测试，这样能够更方便地调试程序。对于复杂问题，需要把问题分解成多个部分，交给多个 Mapper 和 Reducer。此外，还介绍了 MapReduce 任务运行的总流程及核心的 5 个实体(客户端、ResourceManager、NodeManager、MapReduce Application Master、分布式文件系统)，同时也介绍了 MapReduce 作业运行机制和错误处理机制以及 shuffle 优化和 Task 执行方法。

◥ 习　题 ◥

一、术语解释

1. Configuration 类　　　　2. ToolRunner　　　　3. Classpath

4. Jar　　　　　　　　　5. 本地运行模式　　　6. 集群运行模式

7. 压缩文件　　　　　　8. 过滤文件　　　　　9. 运行实体

10. JVM 重用　　　　　11. 错误处理机制　　　12. 任务调度机制

二、简答题

1. 测试 MapReduce 程序时有哪两种模式，阐述两者的区别。
2. 结合 MapReduce 的工作流程，能够从哪些角度进行程序优化，从而提升程序的性能？
3. 为什么 Map 任务完成的中间结果存储在本地磁盘中而不是 HDFS 中？
4. MapReduce 中的 Partitioner 有什么作用？
5. MapReduce 程序启动时如何设定 Map 和 Reduce 任务的数量？
6. 简述 MapReduce 作业执行过程中需要哪些步骤。
7. MapReduce 的错误处理机制是什么？
8. MapReduce 如何处理 Mapper 或 Reducer 的失败？
9. MapReduce 的任务调度机制是什么？
10. JVM 任务重用机制是什么？有什么优缺点？
11. JVM 任务重用的实现方式有哪些？

第 7 章　数据分析技术 Pig

Pig 是基于 Hadoop 的大规模数据分析平台，它由表达数据分析程序的高级语言和评估这些程序的基础设施组成。Pig 中提供的 SQL-LIKE 语言叫作 Pig Latin，该语言的编译器能够把类 SQL 的数据分析请求经过优化处理，转换为一系列 MapReduce 运算。Pig 为复杂的海量数据并行计算提供了一个简单的操作和编程接口。

7.1　Pig 的安装与运行

作为分析大数据的平台，Pig 通常与 Hadoop 一起对所有的数据进行操作。Pig 安装的前置条件是系统已经安装稳定版本的 Hadoop 和 Java。Pig 软件下载完毕后，将下载的 tar 压缩包解压到合适路径。解压后，需要把 Pig 可执行文件的路径添加到配置文件 ~/bashc 或 ~/.bash_profile 中，添加代码如下：

```
$export PIG_HOME=/home/trucy/pig-x.y.z
$export PATH=$PATH:$PIG_HOME/bin
```

Pig 配置完成界面如图 7.1 所示，可使用命令 pig -help 查看帮助。

```
lucas@lucasbook:/opt/pig0.16/bin$pig -help

Apache Pig version 0.16.0(r1746530)
compiled Jun 012016,23:10:49

USAGE: Pig [options][-]:Run interactively in grunt shell.
        Pig [options]-e[xecute]cmd [cmd ...]:Run cmd(s).
        Pig [options][-f[ile]]file :Run cmds found in file.
    options include:
        -4,-log4jconf -Log4j configuration file,overrides log conf
        -b,-brief -Brief logging (no timestamps)
        -c,-check -Syntax check
        -d,-debug -Debug level,INFO is default
        -e,-execute -Commands to execute(within quotes)
```

```
-f,-file -Path to the script to execute
-g,-embedded -ScriptEngine classname or keyword for the ScriptEngine
-h,-help -Display this message.You can specify topic to get help for that topic.
    properties is the only topic currently supported:-h properties.
-i,-version -Display version information
-l,-logfile -Path to client side log file;default is current working directory.
-m,-param_file -Path to the parameter file
-p,-param -Key value pair of the form param=val
-r,-dryrun -Produces script with substituted parameters.Script is not executed.
-t,-optimizer_off -Turn optimizations off.The following values are supported:
```

图 7.1　Pig 配置界面

7.1.1　Pig 的运行模式

Pig 通常有两种运行模式，分别为本地模式(Local)和 MapReduce 模式。

1. 本地模式(Local)

在本地模式下，Pig 运行在单一的 JVM 中，可访问本地文件，且所有文件都从本地主机和本地文件系统安装和运行，不需要 Hadoop 或 HDFS。该模式适用于处理小规模数据或学习之用。运行命令 pig -x local，设置为本地模式，运行结果如图 7.2 所示。

```
lucas@lucasbook:/opt/pig0.16/bin$pig -x local
20/11/2016:45:16 INFO pig.ExecTypeProvider:Trying ExecType :LOCAL
20/11/2016:45:16 INFO pig.ExecTypeProvider:Picked LOCAL as the ExecType
20/11/2016:45:16 WARN pig.Main:Cannot write to log file:/opt/ pigo.16 /bin /pig_ 1605861916732. log
2020-11-2016:45:16,748 [main]INFO org.apache.pig.Main -Apache Pig version 0.16.0(r1746530) compiled
Jun 012016,23:10:49
2020-11-2016:415:16,769[main]INFO org.apache.pig.impl.util.Utils -Default bootup file / home/ lucas/.pig
bootup not found
2020-11-2016:45:17,015 [main]INFO org.apache.hadoop.conf.Configuration.deprecation -mapred.job.tracker
is deprecated.Instead,use mapreduce.jobtracker.address
2020-11-2016:45:17,018 [main]INFO org.apache.hadoop.conf.Configuration.deprecation -fs.default.name is
deprecated.Instead,use fs.defaultFS
2020-11-2016:45:17,020[main]INFO org.apache.pig.backend.hadoop.executionengine.HExecutionEngine -
Connecting to hadoop file system at:file:///
2020-11-2016:45:17,113[main]INFO org.apache.hadoop.conf.Configuration.deprecation -io.bytes.per.Check
sum is deprecated.Instead,use dfs.bytes-per-checksum
2020-11-2016:45:17,144[main]INFO org.apache.pig.PigServer -Pig Script ID for the session: PIG-default-
39075a45-d78c-4dd2-a185-d3b59971f00e
2020-11-2016:45:17,146[main]WARN org.apache.pig.PigServer -ATS is disabled since yarn.timeline
-service.enabled set to false
grunt>
```

图 7.2　本地模式运行结果

2. MapReduce 模式

在 MapReduce 模式下，Pig 将查询转换为 MapReduce 作业提交给 Hadoop。当执行 Pig Latin 语句处理数据时，会在后端调用一个 MapReduce 作业，以对 HDFS 中存在的数据执行特定的操作。

在使用 Pig 前，需对版本进行检查，Pig 的版本需与 Hadoop 版本对应，可以通过访问 Pig 官网获取版本支持信息。Pig 需要用到 HADOOP_HOME 环境变量。如果没有设置环境变量，则 Pig 也可以利用自带的 Hadoop 库运行，但是这样就无法保证其自带的 Hadoop 库和实际使用的 Hadoop 版本是否兼容，所以建议显式设置 HADOOP_HOME 环境变量。此外，还需要设置变量 export PIG_CLASSPATH=$HADOOP_HOME/etc/hadoop。

一般情况下，正确安装配置 Hadoop 后，Pig 所用 Hadoop 集群的 NameNode 和 Jobtracker 信息就已经可以正常使用了，不需要做额外的配置。Pig 的默认模式是 MapReduce，也可以用命令 pig -x mapreduce 进行配置。

7.1.2 Pig 程序的运行方式

使用 Pig 时，无论是 Local 模式，还是 MapReduce 模式，均有 3 种运行方式，即 Grunt Shell 方式、脚本文件方式和嵌入式程序方式，这 3 种方式使用的命令类似。

1. Grunt Shell 方式

通过命令 pig -x local/mapreduce 启动 Grunt，在 Grunt 中用户可以通过命令行对数据进行操作。

2. 脚本文件方式

Pig 可以运行包含 Pig 命令的脚本文件，用户也可在文件中编写 Pig 脚本并使用 -x 命令执行。在执行 Pig 脚本时需要正确指定脚本路径，否则无法执行 Pig 脚本。例如一个 Pig 脚本 scrip.pig，/home/ 为该 Pig 脚本所在目录：

(1) 在 local 模式中运行使用命令：

```
$pig -x local /home/scrip.pig
```

(2) 在 MapReduce 模式中运行使用命令：

```
$pig -x mapreduce /home/scrip.pig
```

3. 嵌入式程序方式

嵌入式程序的运行方式与运行 Java 类程序方式一样。用户需要删掉在 Java 程序中已经嵌入的 Pig 命令，运行 Java 程序前需要先将程序编译成 class 文件。同时 jar 文件和 Java 文件也需要正确指定文件路径。可以使用以下命令完成对嵌入 Pig 程序的编译与执行：

(1) 在 Local 模式下使用的命令如下：

```
java -cp /home/hadoop/pig-x.y.z-core.jar /home/local.java
java -cp /home/hadoop/pig-x.y.z-core.jar /home/local
```

(2) 在 MapReduce 模式下使用的命令如下：

```
java -cp /home/hadoop/pig-x.y.z-core.jar /home/mapreduce.java
java -cp /home/hadoop/pig-x.y.z-core.jar /home/mapreduce
```

其中，/home/hadoop/表示该 jar 文件存放的目录，/home/表示 Java 文件存放的目录，其他同理，在此不做赘述。

7.1.3　Grunt

Grunt 属于构建工具，主要用于编写 Pig Latin 脚本。使用 Grunt 可以减轻用户的工作量。由于 Grunt 系统十分庞大，并日益扩大，因此它能够以最小的代价自动完成复杂的数据处理工作。

Grunt shell 提供了一些有用的 shell 和实用程序命令。调用 Grunt shell 后，在 shell 中运行 Pig 脚本，输入以下 pig 命令进行相关操作。

(1) fs 命令：可以从 Grunt shell 中调用任何文件系统的 shell 命令；

(2) sh 命令：可以从 Grunt shell 中调用任何 shell 命令。

在 Grunt 中提供的实用程序命令有 clear、help、history、quit 和 set 等，还有用来控制 Pig 的 exec、kill 和 run 命令。这些命令的具体功能如下：

(1) clear 命令：用于清屏。

(2) help 命令：请求帮助或提示。

(3) history 命令：查看历史记录。

(4) quit 命令：退出 Grunt。

(5) set 命令：向 Pig 中使用的 key 显示/分配值。

(6) exec 命令：在 Grunt 中执行 Pig 脚本(脚本中 history 命令不可用)。

(7) kill 命令：在 Grunt 中终止一个进程。

(8) run 命令：在 Grunt 中运行 Pig 脚本(脚本中 history 命令可用)。

此外，Grunt 还有如下两个特点：

(1) 执行编辑功能：使用键盘上的 Ctrl + 字母键完成。

(2) 自动补全机制：在某一命令行未写完时，使用键盘上的 Tab 键可以自动补全。

7.1.4　Pig Latin 编辑器

在 Hadoop 平台中，Pig Latin 是 Apache Pig 用于分析数据的语言，其操作对象是关系。因此，使用 Pig Latin 语言来处理数据速度非常快，而且效率很高。由于 Pig 系统可以对程序的运行进行合理分配，这也使得整个系统更高效，减轻了开发者的负担。

Pig Latin 程序需要在 Eclipse 上运行，它为 Pig 程序提供了开发环境所需的 PigPen 插件。Eclipse 不仅可以编辑 Pig 脚本，而且包含了示例生成器等功能。同时 Pig Latin 还提供了一个操作图窗口，支持图像化显示。还有一些其他的 Pig Latin 编辑器，读者可自行上网搜索 PigTools 查看。在下一节会对 Pig Latin 进行详细介绍。

7.2   Pig Latin 语言

本节从 Pig Latin 编辑器的结构、语句、表达式、数据类型、模式和函数等各个方面来介绍 Pig Latin 语言的特点及用法。

7.2.1   Pig Latin 结构

使用 Pig Latin 处理数据时，语句是基本结构，这些语句也可看作是命令行。

(1) 每条语句都以分号作为语句的结束标志。

(2) 除 Load 和 Store 以外，执行其他操作时，Pig Latin 语句将关系作为输入并生成另一个关系作为输出。

(3) 只要在 Grunt shell 中输入 Load 语句，就会进行语义检查。若要查看模式的内容，则用户需要使用转储运算符。只有在执行转储操作后，才会执行将数据加载到文件系统的 MapReduce 作业。

(4) Pig Latin 中有许多关键字，如 Load、Store、cat、ls 和 max 等均有特殊意义。

(5) Pig Latin 中的关键字是没有大小写区别的，如 LOAD 和 load 是等价的。但是关系名称和字段名称是有大小写区分的，如"A = Load   'foo';"和"a = load   'foo';"是不等价的。用户自定义函数 UDF 的名称也是有大小写区分的，如 COUNT 和 count 所指的并不是同一个 UDF。

(6) Pig Latin 具有两种注释方式：SQL 样式的单行注释(--)和 Java 样式的多行注释(/* */)。

7.2.2   Pig Latin 语句

Pig Latin 语句在执行前会先对将要执行的语句组进行判断，确定其是否存在语法上的错误或者语义表达的问题。确认无误后，该段语句将被顺序执行。若语句存在问题，则该段语句将无法执行，并会在终端显示错误信息提示。

Pig Latin 语句的执行是被动的，需要一些关键字或语句来触发执行。例如，Pig Latin 语句中的 DUMP 或 Store 关键字将会触发 Pig Latin 语句的执行。下面给出一个 Pig Latin 语句，它的作用是将数据加载到 Pig 中。

```
grunt> Student_data = Load'student_data.txt' USING PigStorage(', ')as
(id:int,firstname:chararray,lastname:chararray,phone:chararray);
```

表 7.1 描述了 Pig Latin 语句里面的关系操作。

表 7.1　Pig Latin 关系操作

操作分类	操作命令	功 能 描 述
加载和存储	Load	将文件系统(本地/HDFS)中的数据加载到关系中
	Store	保存与文件系统(本地/HDFS)的关系
过滤	FILTER	从关系中删除不需要的行
	DISTINCT	从关系中删除重复的行
	FOREACH，GENERATE	根据数据列生成数据转换
	STREAM	使用外部程序来转换关系
分组与连接	JOIN	加入两个或更多的关系
	COGROUP	将数据分组为两个或更多关系
	GROUP	将数据分组到单个关系中
	CROSS	创建两个或更多关系的交叉产品
排序	ORDER	根据一个或多个字段(升序或降序)按排序顺序排列关系
	LIMIT	从关系中获取有限数量的元组
组合和切分	UNION	将两个或更多个关系合并为一个关系
	SPLIT	将单个关系分为两个或更多个关系
诊断	DUMP	在控制台上打印关系的内容
	DESCRIBE	描述关系的模式
	EXPLAIN	查看逻辑、物理或 MapReduce 执行计划以计算关系
	ILLUSTRATE	查看一系列语句的逐步执行情况

7.2.3　Pig Latin 表达式

Pig Latin 表达式种类丰富，可以通过表达式完成数据的比较、计算等操作。由于 Pig Latin 表达式与大家熟悉的表达式相似，故表 7.2 仅对 Pig Latin 特殊表达式进行说明。

表 7.2　Pig Latin 特殊表达式

序号	表达式	说 明 和 示 例
1	$n	表示第 n 个字段(以 0 为基数)，如 $7
2	f	表示字段名 f，如 time
3	r::f	表示分组或连接后关系 r 中的名为 f 的字段，如 S::time
4	c.$n,c,f	表示在容器 c 中的字段，如 day.$6,day.time
5	m#k	表示在映射 m 中键 k 所对应的值，如 school#teacher
6	(t)f	表示将字段 f 转换为类型 t，如(int)hour
7	x is null	表示 x 是空值，如 time is null
8	FLATTEN(f)	代表从包和元组中去除嵌套，如 FLATTEN(group)

7.2.4　Pig Latin 数据类型

Pig Latin 数据类型与表达式类似，种类多且与其他语言的类型相似，具体内容如表 7.3 所示。

表 7.3　Pig Latin 数据类型

序号	数据类型	说 明 和 示 例
1	INT	表示一个有符号的 32 位整数，如 8
2	long	表示一个有符号的 64 位整数，如 5L
3	float	表示有符号的 32 位浮点数，如 5.5F
4	double	表示一个 64 位浮点数，如 10.5
5	chararray	以 Unicode UTF-8 格式表示字符数组(字符串)，如 'tutorials point'
6	Bytearray	表示一个字节数组(blob)
7	Boolean	表示一个布尔值，如 true / false
8	Datetime	代表日期时间，如 1970-01-01T00：00：00.000 + 00：00
9	BIGINTEGER	代表 Java BigInteger，如 60708090709
10	BIGDECIMAL	代表 Java BigDecimal，如 185.98376256272893883
11	Tuple	元组是一组有序的字段，如(raja，30)
12	Bag	一个包是元组的集合，如{(raju，30)，(Mohhammad，45)}
13	Map	地图是一组键值对，如 ['name' # 'Raju'，'age' # 30]

表 7.3 中所有数据类型的值都可以为 Null，其中 11～13 的数据类型属于复合数据类型。Apache Pig 与 SQL 处理空值的方式相似。Null 可以是未知值或不存在的值，它用作可选值的占位，这些空值可以自然发生，也可以是操作的结果。

7.2.5　Pig Latin 模式

Pig Latin 模式的作用是给关系中的字段指定名称和类。为了讲解 Pig Latin 的数据模型组成，本书对关系的组成进行了详细的介绍，以下面的语句为例：

```
Grunt> records = Load'/home/example.txt'
>> AS(number:int, day:int,quality:int);
Records: {number:int,day:int,quality:int}
```

上面的语句中使用 Load 加载了 example.txt 文件。在文件中有 3 个字段，即 number、day 和 quality，其数据类型均指定为 int。在 Pig Latin 中，模式的使用十分灵活，不需要在加载前声明模式，确定字段类型是在 Load 之后。也可以不给字段指明类型，若 Load 后字段未指明类型，则默认类型为 byte array(二进制串)。当然，也可以只给部分字段声明类型，则未声明类型的字段在 DESCRIBE 后，输出默认类型为 byte array，示例如下：

```
Grunt> records = Load' /home/example.txt'
```

```
>> AS(number:int, day:int,quality);
Grunt> DESCRIBE records;
Records: {number:int,day:int,quality:byte array}
```

需要注意的是，可以选择性地给字段声明类型。但是，每一个字段必须在模式中定义，不存在只指定字段类型却没有定义的字段。

在 Pig 中，模式是可选的，可以使用上面例子中为关系确定模式的方法。如果一个关系没有指定模式，则可以用位置符号 $ 来声明字段。$0 对应关系中的第一个字段，$1 对应关系中的第二个字段，以此类推这些字段的类型默认为 byte array，相关例子在后面的章节中介绍。

使用 Pig 而不直接使用 SQL 数据库操作的原因是 Pig 使用更灵活。许多传统数据模式对于一些数据操作会有很多约束规则，在 Pig 中就不会存在这些问题，而且 Pig 对大数据的操作更高效。

(1) 在 Pig 中，如果存在无法强制转换类型的数据，那么仍可以继续处理并输出。在输出中会使用 null 来替换该类型，并会产生警告信息。例如，存在某 Pig 脚本 example.txt 的内容如下：

```
185 15 37
234 24 50
ok 6 64
```

命令行如下：

```
Grunt> records = ' example.txt'
>>    AS (number:int,day:int,quality:byte array);
Grunt> DUMP records;
(185,15,37)
(234,24,50)
( ,6,64)
```

(2) Pig 中提供了一些操作，如 GROUP 操作可以对数据进行分组，SPLIT 操作可以将数据的好坏划分为两个关系，再进行数据分析。同时，Pig 中提供了很多函数，可以将数据进行过滤和计算等操作，具体内容后面的章节会讲解。

(3) 由于 Pig 中会经常创建新的关系，如果要为每一个新关系都声明模式，那么操作会变得更烦琐。因此在 Pig 中新关系的模式可以由输入关系的模式来确定。有的操作不会改变模式，即输入模式与输出模式一致，如 LIMIT 操作。但有的操作可能会改变模式，而且还可能与数据有关联，从而导致模式多样化。在 Pig 中，可以使用 DESCRIBE 来查看关系的模式，如果需要修改模式，则可以使用 FOREACH...GENRATE 重新定义模式。

7.2.6 Pig Latin 函数

Pig Latin 提供了各种函数，主要分为内置函数和用户自定义函数(UDF)两大类，用户自定义函数将在后面的章节中讲解。内置函数可直接使用，在使用时可以只使用函数名，读者可自行查阅 Pig 官网了解内置函数的具体作用及使用方法。内置函数主要可分为以下 4 类。

1. 计算函数(Eval)

Pig Latin 中的计算函数主要用于实现计算功能，可以进行数据计算、比较和返回数据信息等，具体的计算函数表示见表 7.4。

表 7.4   计算函数列表

函　　数	功　　能
AVG()	计算包内数值的平均值
BagToString()	将包的元素连接成一个字符串。连接时，可以在这些值之间放置一个分隔符(可选)
CONCAT()	连接两个或多个相同类型的表达式
COUNT()	获取包中的元素数量，同时计算包中元组的数量
COUNT_STAR()	类似于 COUNT()函数，用于获取包中的元素数量
DIFF()	比较元组中的两个包(或者字段)
IsEmpty()	检查包或地图是否为空
MAX()	计算单列包中列的最高值(数值或 chararrays)
MIN()	获取单列包中某列的最小(最低)值(数字或 chararray)
PluckTuple()	使用 Pig Latin PluckTuple()函数，可以定义字符串 Prefix 并对以该 Prefix 开头的关系中的列进行过滤
SIZE()	计算基于任何 Pig 数据类型的元素数量
SUBTRACT()	要减去两个包，它需要两个包作为输入并返回一个包，其中包含第一个包中不在第二个包中的元组
SUM()	获取单列包中列的数值总和
TOKENIZE()	在单个元组中拆分字符串(包含一组单词)并返回包含拆分操作输出的包

2. 过滤函数(Filter)

Pig Latin 中的过滤函数用于过滤数据，如删除某些数据。由于过滤函数的返回值是布尔值，故该函数还可以用于限制输入值为布尔型数据或者其他相关布尔操作。

3. 加载函数(Load)

Pig Latin 中的加载函数用于将数据加载到文件或者 Pig 中。

4. 存储函数(Store)

Pig Latin 中的存储函数用于将数据存储到文件或者 Pig 中，具体功能如表 7.5 所示。

表 7.5   存储函数列表

函　　数	功　　能
PigStorage()	加载和存储结构化文件
TextLoader()	将非结构化数据加载到 Pig 中
BinStorage()	使用机器可读格式将数据加载和存储到 Pig 中
Handling Compression	可以加载和存储压缩数据

7.2.7　Pig Latin 宏

在很多编程语言中都会出现宏定义，且用法都相差不大。宏定义格式为 #define 标识符字符串，其中的标识符就是所谓的符号常量，也称为"宏名"。关于宏定义有如下说明：

(1) 宏名一般大写。

(2) 使用宏定义可提高程序的通用性和易读性，减少不一致性和输入错误且便于修改，例如数组大小常用宏定义。

(3) 预处理是在编译之前的处理，而编译工作的任务之一就是语法检查，预处理不做语法检查。

(4) 宏定义末尾不加分号。

(5) 宏定义写在函数的花括号外边，作用域为其后的程序，通常在文件的最开头。

(6) 可以用 #undef 命令终止宏定义的作用域。

(7) 宏定义允许嵌套。

(8) 字符串中永远不包含宏定义。

(9) 宏定义不分配内存，变量定义分配内存。

(10) 宏定义不存在类型问题，它的参数也是无类型的。

(11) 如果宏定义中包含有参数，则还需要对参数进行替换。

在 Pig Latin 中定义宏可以实现对可重用代码打包再使用，实现过程如下：首先将用户所需的代码在宏内定义；其次，需要使用该段代码时，在 Pig 中使用宏。

(1) 定义一个宏 min_in_number，代码如下：

```
DEFINE min_in_number(X, number_key, min_area) RETURN Y {
A = number $X   in   $number_key;
$Y = FOREACH   A   GENARATE number,   MIN($X.$min_area);
};
```

说明：这个宏包含了 3 个参数，即一个关系 X 及两个字段名 number_key 和 min_area，在该定义中返回值为 Y。$ 的作用是引用，通常在参数和返回值前使用，如 $X、$Y。

(2) 在 Pig 中使用宏，示例代码如下：

```
Records = Load'input/ncdc/micro-tab/sample.txt'
AS (year:chararray,temperature:int,day:int);
filter_records = FILTER records BY temperature != 999 AND
(day == 4 OR day == 5);
min_area = min_in_number(filtered_records,year,temperature);
DUMP min_temp
```

宏定义在使用时会被展开。由于是 Pig 系统的内部操作，因此通常不会看到内部操作过程。但是，当需要编写并调试宏时，可以使用 Pig 语句让宏扩展的过程显示出来。需要注意的是，在把宏定义中参数替换为别名后，并未使用 $ 引用，这样的使用方式缩小了该参数的使用范围(仅在宏定义中局部有效)。为了提高宏的可重用性，在 Pig 中宏不仅可以存在于 Pig 脚本中，还可以存在于其他文件中。但是如果在 Pig 脚本外的文件中定义宏，则必须在使用时将这些文件用导入(import)语句导入。

7.3　用户自定义函数

为了满足用户特定应用的需求，Pig 提供了丰富的用户自定义扩展功能。Pig 的用户自定义函数可以使用 Java、Python 和 Java script 等编程语言编写，用户可以根据自己熟悉的语言编写定义自己想要的函数功能。目前，对 Pig 实现语言支持最好的编程语言是 Java，因为 Pig 是用 Java 语言实现的，并提供了丰富的 Java 接口操作。关于 Pig 的更多详细介绍可参考 Pig 官网。用户自定义函数(User Defined Function，UDF)的编写步骤如下：

(1) 编写需要实现的类，需要指明该方法继承了哪一类函数(过滤类、计算类或加载类)，将其编译打包生成 jar 文件。

(2) register 使用 Grunt shell 命令，将打包的文件在 Pig 中注册，注册时文件所在路径也要一并写入，如 register /home/test.jar。

(3) 使用用户自定义函数，但在使用时需要加上第一步中指定的类的包名，类名与方法名一致并需要区分大小写，如定义过滤类 com.whut.FilterFunct(参数)。

(4) 用户还可以为函数定义别名，使用时可以直接用别名，不用再加包名，如 define Time com.whut.FilterFunct()，使用时直接使用 Time。

(5) 更多的验证需要读者自行在函数中添加，比如判断是否为 Null 等。

下面以温度统计为例，用 Java 语言编写用户自定义函数，编写函数时需要用到 Eclipse 和 Maven，读者可自行安装。

7.3.1　过滤 UDF

编写一个过滤函数，实现气温不满足条件的数据被过滤。编写过程如下：

```
records=load'hdfs://localhost:9000/input/temperature1.txt'as (year: chararray,temperature: int);
valid_records = filter records by temperature!=999;
```

其中第二条语句的作用是筛选合法的数据。如果采用用户自定义函数，则第二条语句可以写成：

```
valid_records = filter records by isValid(temperature);
```

这种写法更容易理解，也更容易在多个地方重用。

定义气温过滤 isValid 函数的代码如下：

```
packagecom.oserp.pigudf;
importjava.io.IOException;
importorg.apache.pig.FilterFunc;
importorg.apache.pig.data.Tuple;
public class IsValidTemperature extends FilterFunc {
@Override
public Boolean exec(Tuple tuple) throws IOException {
```

```
Object object = tuple.get(0);
int temperature = (Integer)object;
return temperature != 999;
 }
 }
```

按照之前的步骤将代码打包并注册到 Pig 环境，具体步骤如下：

(1) 编译代码并打包成 pigudf.jar 文件。

(2) 将 pigudf.jar 文件注册到 Pig 环境(注意：必须添加文件路径)。

此时可以用以下语句调用这个函数：

```
valid_records = filter records bycom.oserp.pigudf.IsValidTemperature(temperature);
dump valid_records;
```

由于函数名太长，不便输入，可以用别名定义：

```
define isValid com.oserp.pigudf.IsValidTemperature();
valid_records = filter records by isValid(temperature);
dump valid_records;
```

通过这个例子，可以知道过滤 UDF 继承了 FilterFunc 类，实现了其 exec 方法，该方法的返回值为 boolean 型。重写这个类的 exec 方法时，它的参数只有一个 tuple，但是调用时可以传递多个参数，可以通过索引号获得对应的参数值，比如 tuple.get(1) 表示取第二个参数。

7.3.2　计算 UDF

以下面的数据文件 temp.txt 为例计算 UDF，该文件的内容如下：

```
1990 21
1990 18
1991 21
1992 30
1992 999
1990 23
```

假设希望通过温度值获得一个温度的分类信息，可将温度值划分为如表 7.6 所示的类型。

表 7.6　温 度 分 类 表

温　　度	分　类
x≥30	hot
x≥10 and x<30	moderate
x<10	cool

(1) 定义函数，代码如下：

```
packagecom.oserp.pigudf;
```

```
importjava.io.IOException;
importorg.apache.pig.EvalFunc;
importorg.apache.pig.data.Tuple;
public class GetClassification extends EvalFunc<String> {
@Override
return "Hot";
  }
        else if(temperature >=10){
            return "Moderate";
    }
  else {
  return "Cool";
        }
  }
}
```

(2) 依次输入 Pig 语句，代码如下：

```
records=load'hdfs://localhost:9000/input/temperature1.txt'as(year: chararray,temperature:int);
register /home/user/hadoop_jar/pigudf.jar;
valid_records = filter records bycom.oserp.pigudf.IsValidTemperature(temperature);
result = foreach valid_records generateyear,com.oserp.pigudf.GetClassification(temperature);
dump result;
```

(3) 输出结果如下：

```
(1990,Moderate)
(1990,Moderate)
(1991,Moderate)
(1992,Hot)
(1990,Moderate)
```

综上所述，计算 UDF 继承自 EvalFunc 类，同时也要明确定义返回值类型。

7.3.3　加载 UDF

在 Pig 中，需要使用 Load 语句加载外部文件。以词频统计为例，讲解如何自定义加载函数(统计各个单词出现的频率，由高到低排序)。

一般情况下，Load 语句加载数据时，每行会被生成一个 tuple。而统计词频希望每个单词生成一个 tuple，它的测试数据文件只有以下两行数据：

```
This is a map a reduce program
map reduce partition combiner
```

Load 后每个单词为一个 tuple，其主要代码如下：

```
package com.oserp.pigudf;
```

```java
import java.io.IOException;

import java.util.ArrayList;

import java.util.List;

import org.apache.hadoop.io.Text;

importorg.apache.hadoop.mapreduce.InputFormat;

import org.apache.hadoop.mapreduce.Job;

importorg.apache.hadoop.mapreduce.RecordReader;

importorg.apache.hadoop.mapreduce.lib.input.FileInputFormat;

importorg.apache.hadoop.mapreduce.lib.input.TextInputFormat;

import org.apache.pig.LoadFunc;

importorg.apache.pig.backend.executionengine.ExecException;

importorg.apache.pig.backend.hadoop.executionengine.mapReduceLayer.PigSplit;

import org.apache.pig.data.BagFactory;

import org.apache.pig.data.DataBag;

import org.apache.pig.data.Tuple;

import org.apache.pig.data.TupleFactory;


public class WordCountLoadFunc extends LoadFunc {

private RecordReader reader;

TupleFactorytupleFactory = TupleFactory.getInstance();

BagFactorybagFactory = BagFactory.getInstance();

@Override

public InputFormatgetInputFormat() throws IOException {

return new TextInputFormat();

}

@Override

public Tuple getNext() throws IOException {

try { // 当读取到分区数据块的末尾时，返回 null 表示数据已读取完

if (!reader.nextKeyValue()){

        return null;

}

Textvalue = (Text)reader.getCurrentValue();

Stringline = value.toString();

String[]words =    line.split("\\s+");    //断词

//因为 getNext 函数只能返回一个 tuple

//而希望每个单词都有一个单独的 tuple

//所以将多个 tuple 放到一个 bag 里面

//然后返回一个包含一个 bag 的 tuple

//注：这只是一个用于演示用法的示例，实际中这样使用不一定合理
```

```
List<Tuple>tuples=newArrayList<Tuple>();
Tupletuple = null;
for (String word : words) {
tuple= tupleFactory.newTuple();
tuple.append(word);
tuples.add(tuple);
  }
DataBagbag = bagFactory.newDefaultBag(tuples);
    Tupleresult = tupleFactory.newTuple(bag);
  return result;
}
catch (InterruptedException e) {
throw new ExecException(e);
}
}
@Override
public void prepareToRead(RecordReader reader,PigSplit arg1)
throws IOException {
this.reader = reader;
}
@Override
public void setLocation(String location, Job job) throws IOException {
FileInputFormat.setInputPaths(job,location);
  }
}
```

依次执行以下命令：

```
ecords=load'hdfs://localhost:9000/input/sample_small.txt'    usingcom.oserp.pigudf.
Word CountLoadFunc()as (words:bag{word:(w:chararray)});
flatten_records= foreach records generate flatten($0);
grouped_records= group flatten_records by words::w;
result= foreach grouped_records generate group,COUNT(flatten_records);
final_result= order result by $1 desc,$0;
dumpfinal_result;
```

显示结果如下：

```
(a,2)
(map,2)
(reduce,2)
(This,1)
(combiner,1)
(is,1)
```

(partition,1)

(program,1)

7.4 数据处理操作

Pig 对数据的分析与处理是通过语句来实现的,在前面的章节中已经简单提到语句的分类及各语句的作用等,下面详细介绍这些语句是如何实现的。

7.4.1 数据的加载和存储

要使用 Apache Pig 分析数据,首先必须将数据加载到 Apache Pig 中,然后再将数据进行存储,具体步骤如下:

(1) 准备好 HDFS。在 MapReduce 模式下,Pig 从 HDFS 读取(加载)数据并将结果存回 HDFS 中,因此需要先在 HDFS 中创建数据。

(2) 启动 HDFS,并将存放数据的文件放在 HDFS 里面某一目录(可以由用户创建并指定)中。

(3) 使用 Load 在 Pig 中加载数据。

(4) 使用 Store 存储数据。

Load 的使用和 Store 的使用示例分别如下:

grunt>Loadstudent = LOAD 'hdfs://localhost:9000/pig_data/student_data.txt'USING PigStorage(',')

　　as (id:int, firstname:chararray, lastname:chararray, phone:chararray, city:chararray);

grunt>Storestudent INTO ' hdfs://localhost:9000/pig_Output/ ' USING PigStorage (',');

7.4.2 数据的过滤方法

对数据进行加载和存储操作后,接下来对数据进行过滤操作,将数据进行筛选。通过对数据进行过滤,可以减少之后需要进行其他操作的数据的数量,同时可以提高处理数据的效率。对数据的过滤有两种操作方法:FOREACH...GENERATE 和 STREAM。

1. FOREACH. . . GENERATE

在前面的章节中就已经提到过这条语句,它用来根据数据列生成数据转换。简单来说就是该语句可以对关系中的行数据进行操作,可以移除字段或创建新的字段。具体操作如下:

创建一个关系 X:

grunt> DUNP X;

　　(1,one,first)

　　(2,two,second)

　　(3,three,third)

再使用 FOREACH ...GENERATE 创建关系 Y:

```
Grunt> Y = FOREACH X GENERATE $1,$0+2, ' Pig';
```
输出 Y：
```
Grunt> DUMP Y;
    (one,3,Pig)
    (two,4,Pig)
    (three,5,Pig)
```
在本例中关系 Y 的建立依赖于关系 X。在 Y 中一共有 3 个字段。第一个字段表示 X 中第一个字段的投影(即两值相等)；第二个字段表示 X 中第一个字段加 2；第三个字段表示一个常量字段，值为 Pig。

2. STREAM

根据前面的内容可以得知，STREAM 是通过使用外部程序来转换关系实现过滤操作的。例如，可以用下面的语句来实现对关系 X(X 在上文中已有说明)中第一个字段的选择：
```
Grunt> Z = STREAM X THROUGH ' cut -f 1';
Grunt> DUMP Z;
    (one)
    (two)
    (three)
```

7.4.3 数据的分组与连接

在 Pig 中，数据的分组与连接可分为 4 类，即 JOIN、GROUP、COGROUP 和 CROSS。

1. JOIN

JOIN 运算符用于组合来自两个或多个关系的记录。在执行连接操作时，从每个关系中声明一个(或一组)元组作为 key。当这些 key 匹配时，两个特定的元组匹配，否则记录将被丢弃。连接类型有以下 3 种：

1) Self-Join(自连接)

Self-Join 用于将表与其自身连接，就像表是两个关系一样，临时重命名至少一个关系。通常，在 Apache Pig 中，为了执行 Self-Join，将在不同的别名(名称)下多次加载相同的数据。自连接的语法如下：
```
grunt> Relation3_name = JOIN Relation1_name BY key, Relation2_name BY key ;
```

2) Inner Join(内连接)

Inner Join 使用较为频繁，它也被称为等值连接。当两个表中都存在匹配时，内连接将返回行。基于连接谓词(join-predicate)，通过组合两个关系(如 A 和 B)的列值来创建新关系。查询将 A 的每一行与 B 的每一行进行比较，以查找满足连接谓词的所有行对。当连接谓词被满足时，A 和 B 的每个匹配的行对的列值被组合成结果行。内连接的语法如下：
```
grunt> result = JOIN relation1 BY columnname, relation2 BY columnname;
```

3) Outer Join(外连接)

与 Inner Join 不同，Outer Join 返回至少一个关系中的所有行。Outer Join 操作以 Left Outer

Join(左外连接)、Right Outer Join(右外连接)和 Full Outer Join (全外连接)3 种方式执行。外连接的语法如下：

(1) Left Outer Join：

grunt> Relation3_name = JOIN Relation1_name BY id LEFT OUTER,

Relation2_name BY customer_id;

(2) Right Outer Join：

grunt> outer_right = JOIN customers BY id RIGHT, orders BY customer_id;

(3) Full Outer Join：

grunt> outer_full = JOIN customers BY id FULL OUTER, orders BY customer_id;

这 3 种方式的区别在于，左右两边关系中是否存在匹配项。若存在，则使用全外连接；若不存在，则可以使用左外连接返回左表中的所有行，使用右外连接返回右表中的所有行。

2. GROUP

GROUP 运算符用于在一个或多个关系中对数据进行分组，它收集具有相同 key 的数据。其语法如下：

grunt> Group_data = GROUP Relation_name BY age;

3. COGROUP

COGROUP 运算符与 GROUP 运算符的使用方法是一样的，两个运算符之间的唯一区别是 GROUP 运算符通常用于一个关系，而 COGROUP 运算符用于涉及两个或多个关系的语句。

4. CROSS

CROSS 运算符用于计算两个或多个关系的向量积。其语法如下：

grunt> Relation3_name = CROSS Relation1_name, Relation2_name;

7.4.4　数据的排序

Pig 是用于处理分析大量数据的工具，在 Pig 中没有固定的处理数据顺序。使用特定的语句可以改变 Pig 对数据的处理及输出顺序。

1. ORDER BY

使用 ORDER BY 操作可以对一个或多个字段按顺序(升序或降序)排列。如果需要排序的字段值是同一类型的，则默认自然序排序。如果需要排序的字段值类型是不同类型的，则排序是任意且确定的。ORDER BY 的语法如下：

grunt> Relation_name2 = ORDER Relatin_name1 BY (ASC|DESC);

2. LIMIT

LIMIT 操作可从关系中获取有限数量的元组，通过限制条件使得输出结果达到用户要求。通常情况下，LIMIT 操作可以与 ORDER 操作配合使用，在输出数据排序后使用 LIMIT 操作来获取部分数据，同时获取的这些数据依旧按序排列。LIMIT 的语法如下：

grunt> Result = LIMIT Relation_name required number of tuples;

7.4.5　数据的组合和切分

在 Pig 中，通过语句 UNION 和 SPLIT 可以实现数据的组合和切分。

1. UNION

UNION 语句可以将两个或更多关系合并为一个关系，要对两个关系执行 UNION 操作，它们的列和域必须相同。UNION 的语法如下：

```
grunt> Relation_name3 = UNION Relation_name1, Relation_name2;
```

2. SPLIT

SPLIT 语句可以将单个关系分成两个或更多关系。SPLIT 的语法如下：

```
grunt> SPLIT Relation1_name INTO Relation2_name IF (condition1),
Relation2_name (condition2);
```

7.5   Pig 的应用技巧

Pig 的使用大大简化了用户对数据的处理过程，Pig Latin 的使用也使得用户对 Pig 的操作更容易，这也是 Pig 广为使用的原因之一。在使用 Pig 的过程中，需要接触大量的数据，所以掌握一些与 Pig 相关的应用技巧是十分有必要的。

7.5.1　并行处理

Pig Latin 在实现时屏蔽了所有非并行的计算，即它只实现了一些容易并行处理的原语，不容易并行处理的原语(如非等价表连接以及相关子查询)操作就需要通过 UDF 来实现，Pig Latin 不显式提供非并行原语。

在使用 UDF 时，Pig 运行在 MapReduce 上，首先确保需要处理的数据量与处理的并行度匹配，然后 Pig 会自动根据数据量来分配 Reducer 的个数。默认每吉字节(GB)的数据分配 1 个 Reducer 且 Reducer 的个数不超过 999，用户可以修改这一默认分配：

1. 使用 Pig 中的语句进行修改

```
Pig.exec.reducer.bytes.per.reducer
```

这一语句用来修改每个 Reducer 可处理的数据量，默认为 1 GB。

```
Pig.exec.reducers.max
```

这一语句用来修改可使用 Reducer 的最多数量，默认为 999 个。

2. 在 MapReduce 阶段使用 PARALLEL 子句指定

例如，用下面的语句设置 Reduser 的个数为 100：

```
Grouped_records = GROUP records BY year PARALLEL 100;
```

7.5.2　匿名关系

Pig 是一款数据装载、处理、存储的工具。可以使用 Pig 将数据装载到内存中成为一个关系，然后再通过 Pig Latin 语言对数据进行操作，最后再将数据转换的结果存储到一个文件中。

在 Pig Latin 中，关系(Relation)是对数据集合的抽象表示，类似于关系型数据库中的"表"，但它更灵活(不要求严格的 schema，支持动态数据结构)。它是 Pig 处理数据的核心对象，所有数据操作(如过滤、转换、聚合等)都围绕关系展开。其中，匿名关系(Anonymous Relation)指的是未被命名的关系，即通过表达式生成但未用关键字指定名称的中间结果。匿名关系仅在当前语句中临时存在，无法被后续语句直接引用。这是因为中间结果如果只需使用一次(如直接作为 STORE、DUMP 的输入)时，使用匿名关系可简化代码，减少不必要的命名。但如果需要多次引用该中间结果，则必须为其命名(即使用命名关系)。简而言之，匿名关系是 Pig 中的一种临时的、一次性的中间数据形态，用于简化单步处理逻辑。

7.5.3　参数代换

在 Pig 中也存在着某些脚本文件需要经常被执行的情况，由于每次执行涉及的条件及参数可能存在差异，因此 Pig 使用另一技巧——参数替换，即在 Pig 脚本运行时系统将用户提供的数据自动替换掉脚本中的参数，它的存在提高了 Pig 脚本的利用率，同时节约了空间。

◢ 本 章 小 结 ◢

本章主要介绍了 Pig 的基本原理以及如何使用 Pig。Pig 是 Hadoop 中用于分析大数据的平台，主要是通过 Pig Latin 语句来实现的，不同于传统数据库语言，Pig Latin 的操作包含性更强，而且 Pig Latin 提供了很多函数，用户还可以根据自己的需要自定义函数。Pig 在处理数据时提供了多种操作方式，在使用 Pig 时也存在许多技巧，这都需要用户在实践中去领悟和体会。

◢ 习 题 ◢

一、术语解释

1. local 模式　　　2. Load　　　　3. Pig Latin 宏　　4. MapReduce 模式
5. Self-join　　　6. FOREACH　　7. Pig Latin　　　8. Inner-join
9. STREAM　　　10. UDF　　　　11. Left outer join　12. GROUP
13. 分区操作　　　14. Right outer join　15. COGROUP　　　16. Grunt
17. Full outer join　18. CROSS

二、简答题

1. Pig Latin 是什么？它与传统的编程语言有何不同？

2. Pig 中的分组与连接运算有哪些？

3. 如何使用 Pig 中的过滤器操作？

4. Pig 中的计算函数有哪些？举例说明如何使用这些函数。

5. Pig 中的 UDF 是什么，如何创建和使用自定义函数？

6. Pig 中的数据存储和加载函数有哪些？

7. 如何使用 Pig 中的参数替换？

8. 如何使用 Pig 中的分区操作？

9. 如何处理 Pig 中脚本执行中的错误？

10. Pig 中的优化技术有哪些，如何使用 Pig 中的优化技术提高脚本的执行性？

第 8 章　数据仓库 Hive

数据仓库 Hive 是基于 Hadoop 平台的开源数据仓库工具，它通过类似于数据库 SQL 语言的 HQL 语言,对 HDFS 等分布式存储中的大规模结构化/半结构化数据进行管理和分析，其核心功能是将 HQL 任务转换为 MapReduce、Tez 或 Spark 任务执行。它依托元数据服务管理数据结构，支持多种文件格式，提供分区、分桶等优化方式，兼容 SQL 且可扩展自定义函数，能与 Hadoop 生态系统及其他计算引擎集成运行。Hive 的主要特点是以离线批数据处理为主、部署灵活、扩展性强、成本低且兼容 SQL 数据，主要应用于企业数据仓库构建、离线数据分析与报表生成、数据挖掘及日志分析等场景，是降低大数据分析门槛的核心工具。

8.1　Hive 简介

Hive 是一个数据仓库基础工具，在 Hadoop 中用来处理结构化数据。它架构在 Hadoop 之上，为使用者提供查询和分析功能，并提供简单的 SQL 查询功能，可以将 SQL 语句转换为 MapReduce 任务进行运行。

最初，Hive 是由 Facebook 开发的，后来由 Apache 软件基金会开发，并将其作为一个开源项目命名为 Apache Hive。Hive 没有专门的数据格式。Hive 可以很好地工作在 Thrift 之上，控制分隔符，也允许用户指定数据格式。Hive 不适用于在线事务处理，它最适用于传统的数据仓库任务。

Hive 构建在基于静态批处理的 Hadoop 之上，Hadoop 通常都有较高的延迟并且在作业提交和调度的时候需要大量的开销。因此，Hive 并不能够在大规模数据集上实现低延迟快速的查询。例如，Hive 在几百兆字节(MB)的数据集上执行查询一般有分钟级的时间延迟。因此，Hive 并不适合那些需要低延迟的应用，如联机事务处理(OLTP)。Hive 查询操作过程严格遵守 Hadoop MapReduce 的作业执行模型，Hive 将用户的 HiveQL 语句通过解释器转换为 MapReduce 作业提交到 Hadoop 集群上，Hadoop 监控作业执行过程，然后给用户返回作业执行结果。Hive 并非为联机事务处理而设计，Hive 并不提供实时的查询和基于行级的数据更新操作。Hive 的最佳使用场合是大数据集的批处理作业，如网络日志分析。

8.1.1　Hive 的数据存储

首先，Hive 没有专门的数据存储格式，也没有为数据建立索引，用户可以非常自由地组织 Hive 中的表，只需要在创建表的时候告诉 Hive 数据中的列分隔符和行分隔符，Hive 就可以解析数据了。

其次，Hive 中所有的数据都存储在 HDFS 中，Hive 中包含以下数据模型：表(Table)、外部表(External Table)、分区(Partition)和桶(Bucket)。

Hive 中的 Table 和数据库中的 Table 在概念上是类似的，每一个 Table 在 Hive 中都有一个相应的目录存储数据。例如，一个表 pvs，它在 HDFS 中的路径为 /wh/pvs，其中，wh 是在 hive-site.xml 中由 ${hive.metastore.warehouse.dir} 指定的数据仓库的目录，所有的 Table 数据(不包括 External Table)都保存在这个目录中。

Partition 对应于数据库中的 Partition 列的密集索引，但是 Hive 中 Partition 的组织方式和数据库中的不同。在 Hive 中，表中的一个 Partition 对应于表下的一个目录，所有的 Partition 的数据都存储在对应的目录中。例如，pvs 表中包含 ds 和 city 两个 Partition，则对应于 ds = 20090801，city = US 的 HDFS 子目录为 /wh/pvs/ds=20090801/city=US；对应于 ds = 20090801，city = CA 的 HDFS 子目录为 /wh/pvs/ds=20090801/city=CA。

Buckets 对指定列计算 hash，根据 hash 值切分数据，目的是并行，每一个 Bucket 对应一个文件。将 user 列分散至 32 个 bucket，对 user 列的值计算 hash。对应 hash 值为 0 的 HDFS 目录为 /wh/pvs/ds=20090801/ctry=US/part-00000；hash 值为 20 的 HDFS 目录为 /wh/pvs/ds=20090801/ctry=US/part-00020。

External Table 指向已经在 HDFS 中存在的数据，可以创建 Partition。它和 Table 在元数据的组织上是相同的，而实际数据的存储则有较大的差异。

Table 包括创建过程和数据加载过程(这两个过程可以在同一个语句中完成)。在加载数据的过程中，实际数据会被移动到数据仓库目录中；之后对数据的访问将会直接在数据仓库目录中完成。删除表时，表中的数据和元数据将会被同时删除。

8.1.2　Hive 的元数据存储

MetaStore 类似于 Hive 的目录。它存放了表、区、列、类型、规则模型的所有信息，并且它可以通过 Thrift 接口进行修改和查询。目前 Hive 将元数据存储在 RDBMS 中，利用关系模型进行管理。有以下 3 种模式可以连接到数据库。

(1) Single User Mode：此模式连接到一个 In-memory 的数据库 Derby，只能允许一个会话连接，只适合简单的测试。

(2) Multi User Mode：通过网络连接到一个数据库。

(3) Remote Server Mode：用于非 Java 客户端访问数据库，在服务器端启动一个 Meta Store Server，客户端利用 Thrift 协议通过 Meta Store Server 访问元数据库。

8.2　Hive 的基本操作

8.2.1　在集群上安装 Hive

Hive 是一种强大的数据仓库查询语言，类似 SQL。下面介绍如何搭建和配置 Hive。注：

以下操作均在管理员权限中进行。

(1) 搭建 Hadoop 运行环境,搭建过程参照前文,Hadoop 安装目录位于 /bd/hadoop-2.6.4,jdk 安装目录位于 /bd/jdk1.8.0_144。

(2) 登录 node1 节点机,创建 Hive 目录,操作如下:

mkdir -p /home/hive

(3) 上传 Hive 软件包到 node1 节点机的 /root 目录下。

(4) 安装系统主要是解压、移动,操作如下:

tar -zxvf /root/apache-hive-3.1.2-bin.tar.gz -C /home/hive

(5) 配置环境变量的操作如下:

vi /etc/profile

增加如下配置:

export HIVE_HOME=/home/hive/apache-hive-3.1.2-bin

export PATH=$PATH:$HIVE_HOME/bin

更新环境变量的操作如下:

#source /etc/profile

(6) 进入 conf 目录,修改文件名,操作如下:

#cd /home/hive/apache-hive-3.1.2-bin/conf

#mv hive-env.sh.template hive-env.sh

(7) 修改 Hive 配置文件。Hive 配置文件主要有 hive-env.sh、hive-site.xml。

① 修改 hive-env.sh,操作如下:

#cd /home/hive/apache-hive-3.1.2-bin/conf

#vi hive-env.sh

添加内容如下:

export JAVA_HOME=/bd/jdk1.8.0_144

export HADOOP_HOME=/bd/hadoop-2.6.4

export HIVE_HOME=/home/hive/apache-hive-3.1.2-bin

export HIVE_CONviF_DIR=/home/hive/apache-hive-3.1.2-bin/conf

更新环境变量的操作如下:

#source hive-env.sh

② 创建配置文件 hive-site.xml,操作如下:

#cd /home/hive/apache-hive-3.1.2-bin/conf

#mv hive-default.xml.template hive-site.xml

#vi hive-site.xml

创建配置文件 hive-site.xml,添加内容代码如下:

```
<property>
    <name>hive.exec.scratchdir</name>
    <value>/user/hive/tmp</value>
</property>
<property>
```

```
        <name>hive.metastore.warehouse.dir</name>
        <value>/user/hive/warehouse</value>
    </property>
    <property>
        <name>hive.querylog.location</name>
        <value>/user/hive/log</value>
    </property>


    <property>
        <name>javax.jdo.option.ConnectionURL</name>


    <value>jdbc:mysql://localhost:3306/hive?createDatabaseIfNotExist=true&amp;characterEncoding=UTF-8
&amp;useSSL=false</value>
    </property>
    <property>
        <name>javax.jdo.option.ConnectionDriverName</name>
        <value>com.mysql.jdbc.Driver</value>
    </property>
    <property>
        <name>javax.jdo.option.ConnectionUserName</name>
        <value>root</value>
    </property>
    <property>
        <name>javax.jdo.option.ConnectionPassword</name>
        <value>123456</value>
    </property>
```

Hive 的安装可暂时完成以上操作，后面的操作与 MySQL 有关联。

8.2.2   配置 MySQL 存储 Hive 元数据

Hive 中允许用户使用类似于 SQL 的 HiveQL(Hive Query Language)语言对 MySQL 数据库进行数据查询和分析。下面详细介绍如何配置 MySQL 来存储 Hive 元数据，具体包括安装 MySQL、配置 MySQL、启动服务器以及完成一些对数据的基本操作。

(1) 安装 MySQL，操作如下：

```
# apt-get update
# apt-get install mysql-server
# apt-get install mysql-client
# apt-get install libmysqlclient-dev
```

(2) 启动 MySQL 服务，操作如下：

```
# service mysql start
```

（3）设置管理员密码，操作如下：

```
# mysqladmin -uroot password 123456
```

（4）登录 MySQL 系统，操作如下：

```
# mysql -uroot -p123456
```

（5）给 Hive 用户授权，操作如下：

```
Mysql> grant all on *.* to hive@node1 identified by '123456' with grant option;
```

（6）刷新 MySQL 的系统权限，操作如下：

```
Mysql> flush privileges;
```

（7）上传 mysql-connector-java-5.1.40-bin.jar 到 node1 节点机的 /home/hive/lib 下。

（8）在 HDFS 上创建上面使用的文件夹并赋予最高权限 777，操作如下：

```
hdfs dfs -mkdir -p /user/hive/warehouse

hdfs dfs -mkdir -p /user/hive/tmp

hdfs dfs -mkdir -p /user/hive/log

hdfs dfs -chmod -R 777 /user/hive/warehouse

Hadoopfs -chmod 777 /user/hive/tmp

hdfs dfs -chmod -R 777 /user/hive/tmp

hdfs dfs -chmod -R 777 /user/hive/log
```

（9）把 Hive 目录下的新版 jline 拷贝到 hadoop 目录下，操作如下：

```
# cp -a /home/hive/lib/jline-2.12.1.jar /home/hadoop/share/hadoop/yarn/lib
```

Hive 的安装完成。

8.2.3　配置 Hive

安装好 Hive 后，就可以进行简单的数据操作了。在实际应用中，不可避免地要进行参数的配置和调优，下面对 Hive 参数的设置进行介绍。

1. 配置文件

Hive 的配置文件如下：

（1）用户自定义文件，即 $HIVE_CONF_DIR/hive-site.xml。

（2）默认配置文件，即 $HIVE_CONF_DIR/hive-default.xml。

自定义配置会覆盖掉默认配置，此外，Hive 也会读入 Hadoop 的配置，因为 Hive 是作为 Hadoop 的客户端启动的。

2. 运行时配置

当运行 HiveQL 时可以进行参数声明。Hive 的查询可通过执行 MapReduce 任务来实现，而有些查询可以通过控制 Hadoop 的配置参数来实现。在命令行接口可以通过 SET 命令来设置参数。

3. 设置本地模式

对于大多数查询 Query，Hive 编译器会产生 MapReduce 任务，这些任务会被提交到 MapReduce 集群，该集群可以用参数 mapred.job.tracker 指明。Hadoop 支持在本地或集群中运行 Hive 提交的查询，这对小数据集查询的运行是非常有用的，可以避免将任务分布到大型集群而降低效率。在将 MapReduce 任务提交给 Hadoop 之后，HDFS 中的文件访问对用户来说是透明的。相反，如果是大数据集的查询，那么需要设定将 Hive 的查询交给集群运行，这样就可以利用集群的并行性来提高效率。

4. Error Logs 错误日志

Hive 使用 log4j 记录日志。在默认情况下，日志文件的记录等级是 WARN，存储在 /tmp/{user.n- name}/hive.log 文件夹下。如果用户想要在终端看到日志内容，则需要通过一些参数设置来达到目的。Hive 在 Hadoop 执行阶段的日志由 Hadoop 配置文件配置，通常来说，Hadoop 会对每个 Map 和 Reduce 任务对应的执行节点生成一个日志文件，这个日志文件可以通过 JobTracker 的 Web UI 获得。

8.3　　HiveQL

8.3.1　数据类型

Hive 支持两种数据类型：一类是基本数据类型，另一类是复杂数据类型。基本数据类型包括数值型、布尔型和字符串类型；复杂数据类型包括数组、映射和结构。两种数据类型在 HiveQL 中使用的形式如表 8.1 所示。注意，这里列出的是它们在 HiveQL 中使用的形式，而不是它们在表中序列化存储的形式。

表 8.1　数 据 类 型 表

复杂数据类型		
类　型	描　　述	示　例
ARRAY	一组有序字段，字段类型必须相同	Array(1,2)
MAP	一组无序的键/值对。键的类型必须是原子的，值可以是任何类型，同一个映射的键的类型必须相同，值的类型也必须相同	Map('a','1','b','2')
STRUCT	一组命名的字段。字段类型可以不同	Struct('a',1,1,0)
基本数据类型		
类　型	描　　述	示　例
TINYINT	1 字节(8 位)有符号整数	1
SMALLINT	2 字节(16 位)有符号整数	1
INT	4 字节(32 位)有符号整数	1
BIGINT	8 字节(64 位)有符号整数	1
FLOAT	4 字节(32 位)单精度浮点数	1.0
DOUBLE	8 字节(64 位)单精度浮点数	1.0
BOOLEAN	true/false	true
STRING	字符串	'xia',"xia"

8.3.2　操作与函数

Hive 提供了普通 SQL 操作，如关系操作、算术操作以及逻辑操作。

(1) 显示数据库和表，命令如下：

Hive>show database;

Hive>show table;

(2) 创建表。

① 创建单字段的表，命令如下：

Hive>create table test(key string)

② 创建多字段的表，命令如下：

Hive>create table tim_test(id int ,name string) row format delimited fields terminated by ',';

(3) 在当前目录下新建文件，tim_test.txt 文件内容如下：

123，jie

456，xie

789，shi

(4) 导入数据，命令如下：

Hive> load data local inpath 'tim_test.txt' overwrite into table tim_test;

(5) 使用查询语句 select 查看数据：

Hive>select * from tim_test;

(6) 验证数据。

① 查看 HDFS，验证录入数据是否成功，命令如下：

Hive>dfs -ls /usr/local/hive/warehouse;

② 查看 MySQL 数据库保存的原数据：

Mysql> use hive

Mysql> select * from TBLS;

(7) 使用 drop 语句删除表：

Hive> drop table if exists test;

8.4　Hive 表

Hive 表在逻辑上由存储的数据和描述表中的数据形式的相关元数据组成。数据一般存放在 HDFS 中，但它也可以放在其他任何 Hadoop 文件系统中，包括本地文件系统或 S3.Hive，把元数据存放在关系数据库中，而不是放在 HDFS 中。对数据表操作之前先要明确对哪种类型的表进行操作。常见的表的类型有内部表、外部表、分区表和桶表。

8.4.1　内部表和外部表

在 Hive 中创建表时，默认情况下 Hive 负责管理数据，这意味着 Hive 把数据移入它的

"仓库目录"中，这是内部表。另外一种选择是创建一个外部表(external table)，这会让 Hive 到仓库目录以外的位置去访问数据。这两种表的区别表现在 LOAD 和 DROP 命令的语义上。下面先介绍内部表。

1. 内部表

加载数据到内部表时，Hive 会把数据移到仓库目录中。例如：

```
CREATE TABLE managed_table (dummy STRING);
LOAD DATA INPATH '/usr/tom/data.txt' INTO table managed_table;
```

把文件 hdfs://usr/tom/data.txt 移到 Hive 的 managed_table 表的仓库目录中，即 hdfs://user/hive/warehouse/managed_table 中。

由于加载操作就是文件系统中的文件移动和文件重命名，因此它的执行速度很快。但是，即使是内部表，Hive 也并不检查表目录中的文件是否符合表所声明的模式。如果有数据和模式不匹配，那么只有在查询时才会知道。通常要通过查询为缺失字段返回的空值 null 才会知道是否存在不匹配的行。可以发出一个简单的 select 语句来查询表中的若干行数据，从而检查数据是否能被正确解析。

如果随后要丢弃一个表，则可以使用如下语句：

```
DROP TABLE managed_table;
```

这个表包括它的元数据和数据会被一起删除。因为最初的 LOAD 是一个移动操作，而 DROP 是一个删除操作，所以数据会彻底消失。这就是 Hive 所谓的"托管数据"的含义。

2. 外部表

对于外部表而言，这两个操作的结果就不一样了，它可以用来控制数据的创建和删除。外部数据的位置需要在创建表时指明：

```
CREATE EXTERNAL TABLE external_table (dummy STRING);
LOCATION '/usr/tom/external_table';
LOAD DATA INPATH '/usr/tom/data.txt' INTO TABLE external_table;
```

使用 EXTERNAL 关键字以后，Hive 知道数据并不是自己管理的，因此它不会把数据移到自己的仓库目录中。事实上，在定义时，它甚至不会检查这一外部表位置是否存在。这是一个非常有用的特性，因为它意味着可以把创建数据推迟到创建表之后才进行。

丢弃外部表时，Hive 不会删除数据，只会删除元数据。

那么，应该如何选择使用哪种表呢？大多数情况下，内部表和外部表没有太大的区别(当然 DROP 语义除外)，因此如何选择使用哪种表只是个人喜好问题。作为一个经验法则，如果所有处理都是由 Hive 完成的，就使用内部表。普遍的用法是把存放在 HDFS 中的初始数据集作为外部表进行使用，然后用 Hive 的变换功能把数据移到内部的 Hive 表中，这一方法反之也成立。外部表可以用于从 Hive 中导出数据供其他程序使用。

8.4.2 分区表和桶表

Hive 把表组织成分区(partition)。这是一种根据分区列(partition column，如日期)的值对表进行粗略划分的机制。使用分区可以加快数据分片(slice)的查询速度。

表或分区可以进一步划分为桶(bucket)。它会为数据提供额外的结构以获取更高效的查询处理。例如，根据用户 ID 来划分桶，可以在所有用户集合的随机样本上快速计算基于用户的查询。

分区表就是将表进行水平切分，将表数据按照某种规则进行存储，然后提高数据查询的效率。Hive 也是支持对表进行分区的，而且分区表也分为内部分区表和外部分区表。

桶表也是 Hive 中的一种表，与其他 Hive 中的表不同的是，创建桶表时需要指定分桶的逻辑和分桶个数。而且 Hive 还可以把内部表、外部表或分区表组织成桶表。将内部表、外部表或分区表组织成桶表有以下两个目的：

(1) 使得取样更高效。因为在处理大规模的数据集时，在开发、测试阶段将所有的数据全部处理一遍可能不太现实，这时取样就必不可少。

(2) 能够获得更好的查询处理效率。桶为表提供了额外的结构，Hive 在处理某些查询时利用这个结构能够有效地提高查询效率。桶是通过对指定列进行哈希计算来实现的，通过哈希值将一个列名下的数据切分为一组桶，并使每个桶对应于该表名下的一个存储文件。

8.4.3 存储格式

1. Textfile

Textfile 是 Hive 数据表的默认格式，数据不做压缩，磁盘开销大，数据解析开销大。Textfile 的存储方式为行存储。

Textfile 可以使用 Gzip 压缩算法，但压缩后的文件不支持 split。在反序列化过程中，必须逐个字符判断是不是分隔符和行结束符，因此反序列化开销会比 SequenceFile 高几十倍。

2. RCFile

RCFile 是 Hive 的存储格式之一，其存储方式为数据按行分块，每块按列存储。RCFile 结合了行存储和列存储的优点：首先，RCFile 保证同一行的数据位于同一节点，因此元组重构的开销很低；其次，像列存储一样，RCFile 能够利用列维度的数据压缩，并且能跳过不必要的列读取数据。

RCFile 格式提供的两种方法如下：

(1) 数据追加：RCFile 不支持任意方式的数据写操作，仅提供一种追加接口，这是因为底层的 HDFS 当前仅仅支持数据追加写文件尾部。

(2) 行组大小：行组变大有助于提高数据压缩的效率，但是可能会损害数据的读取性能，因为这样增加了 Lazy(解压方法的名字)解压性能的消耗。而且行组变大会占用更多的内存，这会影响并发执行的其他 MapReduce 作业。考虑到存储空间和查询效率两个方面，Facebook 选择 4 MB 作为默认的行组大小，当然也允许用户自行选择参数进行配置。

3. ORCFile

ORCFile 是 Hive 的存储格式之一，其存储方式为数据按行分块，每块按照列存储。ORCFile 压缩快、可切分、快速列存取，其效率比 Rcfile 高，是 Rcfile 的改良版本。ORCFile 支持各种复杂的数据类型，例如 datetime、decimal 以及复杂的 struct。

4. SequenceFile

SequenceFile 是 Hive 的存储格式之一，其压缩数据文件可以节省磁盘空间，但 Hadoop

中有些原生压缩文件的缺点之一就是不支持分割。支持分割的文件可以有多个 Mapper 程序并行地处理大数据文件,大多数文件不支持可分割是因为这些文件只能从头开始读。Sequence File 是可分割的文件格式,支持 Hadoop 的 BLOCK 级压缩。

HadoopAPI 提供的一种二进制文件,以 key-value 的形式序列化到文件中。SequenceFile 的存储方式为行存储。

SequenceFile 支持 3 种压缩选择:NONE(不压缩)、RECORD 和 BLOCK。RECORD 压缩率低,RECORD 是默认选项,通常 BLOCK 会带来较 RECORD 更好的压缩性能。

SequenceFile 存储格式的优势是文件和 HadoopAP 中的 MapFile 是相互兼容的。

5. 行存储

HDFS 块内行存储的例子:基于 Hadoop 系统行存储结构的优点在于其快速的数据加载和动态负载的高适应能力,这是因为行存储保证了相同记录的所有域都在同一个集群节点,即同一个 HDFS 块。不过,行存储的缺点也是显而易见的,例如,它不能支持快速查询处理,因为当查询仅仅针对多列表中的少数几列时,它不能跳过不必要的列读取;此外,由于混合着不同数据值的列,行存储不易获得一个极高的压缩比,即空间利用率不易大幅提高。

6. 列存储

HDFS 块内列存储的例子:在 HDFS 上按照列组存储表格的例子。在这个例子中,列 A 和列 B 存储在同一列组中,而列 C 和列 D 分别存储在单独的列组中。查询时列存储能够避免读不必要的列,并且压缩一个列中的相似数据能够达到较高的压缩比。然而,由于元组重构的较高开销,它并不能提供基于 Hadoop 系统的快速查询处理。列存储不能保证同一记录的所有域都存储在同一集群节点。行存储的例子中,记录的 4 个域存储在位于不同节点的 3 个 HDFS 块中。因此,记录的重构将导致通过集群节点网络的大量数据传输。尽管预先分组后,多个列在一起能够减少开销,但是对于高度动态的负载模式,它并不具备很好的适应性。

RCFile 结合了行存储查询的快速和列存储节省空间的特点:首先,RCFile 保证同一行的数据位于同一节点,因此元组重构的开销很低;其次,像列存储一样,RCFile 能够利用列维度的数据压缩,并且能跳过不必要的列读取。

8.4.4   数据导入方式

这里介绍 3 种常见的 Hive 数据导入方式:

(1) 从本地文件系统中导入数据到 Hive 表的命令如下:

```
load data local inpath 'local_path' into table table_name;
```

(2) 从 HDFS 上导入数据到 Hive 表的命令如下:

```
load data inpath 'hdfs_path' into table table_name;
```

(3) 加载子查询到已创建好的表中的命令如下:

```
Hive(test_db)> create table emp3 like emp;
Hive(test_db)> insert into table emp3 select * from emp;
```

8.4.5　表的修改

1. Alter Table 语句

Alter Table 语句是在 Hive 中用来修改表的语句。Alter Table 语句的语法包括声明接受任意属性，在一个表中希望修改以下语法。

ALTER TABLE name RENAME TO new_name

ALTER TABLE name ADD COLUMNS (col_spec[, col_spec ...])

ALTER TABLE name DROP [COLUMN] column_name

ALTER TABLE name CHANGE column_name new_name new_type

ALTER TABLE name REPLACE COLUMNS (col_spec[, col_spec ...])

2. Rename To… 语句

下面的语句是查询重命名表，把 employee 修改为 emp。

hive> ALTER TABLE employee RENAME TO emp;

3. Change 语句

employee 表的字段如表 8.2 所示，包含显示要被更改的字段。

表 8.2　employee 表的字段

字段名	从数据转换为类型	更改字段名称	转换为数据类型
eid	int	eid	int
name	String	ename	String
salary	Float	salary	Double
designation	String	designation	String

下面的查询语句重命名使用上述数据的列名和列数据类型：

hive> ALTER TABLE employee CHANGE name ename String;

hive> ALTER TABLE employee CHANGE salary salary Double;

4. 添加列语句

下面的查询语句在 employee 表中增加了一个列名 dept。

hive> ALTER TABLE employee ADD COLUMNS (dept STRING COMMENT 'Department name');

5. REPLACE 语句

下面的语句从 employee 表中查询删除的所有列，并使用 emp 替换列：

hive> ALTER TABLE employee REPLACE COLUMNS (

> ename STRING name String);

8.4.6　表的丢弃

DROP TABLE 语句用于删除表的数据和元数据。如果是外部表，就只删除元数据，数据不会受到影响。如果要删除表内所有数据，但要保留表的定义，则只需删除数据文件即可。

```
Hive>dfs -rmr /usr/hive/warehouse/my_table;
```

8.5　查询数据

Hive 中的查询数据主要包括排序和聚集、MapReduce 脚本、连接、子查询和视图。其语法和标准与 SQL 查询类似，以下将展开讲解。

8.5.1　排序和聚集

在 Hive 中可以使用标准的 ORDER BY 子句对数据进行排序,但这里有一个缺陷:ORDER BY 预期能产生完全排序的结果,但它是通过只用一个 Reducer 来做到这一点的,所以对于大规模的数据集,它的效率非常低。

在很多情况下,并不需要结果是全局排序的。此时,可以换用 Hive 的非标准的扩展 SORT BY.SORT BY 为每个 Reducer 产生一个排序文件。

在有些情况下,需要控制某个特定行应该到哪个 Reducer,其目的通常是进行后续的聚集操作。这就是 Hive 的 DISTRIBUTE BY 子句所做的事情。

8.5.2　MapReduce 脚本

如果需要在查询语句中调用外部脚本(例如 Python),则可以使用 transform、Map、Reduce 等子句。例如, 希望过滤掉所有不及格的学生记录, 只输出及格学生的成绩信息, 实现方法是新建一个 Python 脚本文件 score_pass.py, 代码如下:

```
#! /usr/bin/env python
import sys
for line in sys.stdin:
    (classNo,stuNo,score)= line.strip().split('\t')
    if int(score) >= 60:
        print"%s\t%s\t%s" %(classNo,stuNo,score)
```

执行以下语句:

```
add file /home/user/score_pass.py;
select transform(classNo,stuNo,score) using'score_pass.py' as classNo,stuNo,score from student;
```

输出结果如下:

```
C01    N0101        82
C02    N0201        81
C01    N0103        65
C03    N0302        92
```

C02	N0202	82
C02	N0203	79
C03	N0306	72

注意：

（1）以上 Python 脚本中，分隔符只能是制表符(t)。同样输出的分隔符也必须为制表符。这个是由 hive 自身决定的，不能更改，不要尝试使用其他分隔符，否则会报错。同时需要调用 strip 函数，以去除掉行尾的换行符，或者直接使用不带参数的 line.split()代替。

（2）使用脚本前，先使用 add file 语句注册脚本文件，以便 Hive 将其分发到 Hadoop 集群。

（3）Transfom 传递数据到 Python 脚本，as 语句指定输出的列。

8.5.3　连接

直接编程使用 Hadoop 的 MapReduce 是一件比较费时的事情。Hive 则大大简化了编程使用 MapReduce 的操作。

1. 内连接(Inner Join)

此处介绍的内连接和 SQL 的内连接相似。执行以下语句查询每个学生的编号和教师名：

Select a.stuNo,b.teacherName from student a join teacherb on a.classNo = b.classNo;

查询输出结果如下：

N0203	Sun
N0202	Sun
N0201	Sun
N0306	Wang
N0301	Wang
N0302	Wang
N0103	Zhang
N0102	Zhang
N0101	Zhang

注意：

（1）不要使用 select xx from aa bb where aa.f=bb.f 这样的语法，Hive 不支持这种写法。

（2）如果需要查看 Hive 的执行计划，则可以在语句前加上 explain，例如：

explain Select a.stuNo,b.teacherName from student a jointeacher b on a.classNo = b.classNo;

2. 外连接(Outer Join)

和传统 SQL 类似，Hive 提供了 left outer join、right outer join 和 full out join。

3. 半连接(Semi Join)

Hive 不提供 in 子查询，可以用 Leftsemi Join 实现同样的功能。执行以下语句：

Select * from teacher left semi join student onstudent.classNo = teacher.classNo;

输出结果如下：

C02   Sun

C03   Wang

C01   Zhang

可以看出，C04 Dong 没有出现在查询结果中，因为 C04 在表 student 中不存在。

注意： 右表(student)中的字段只能出现在 on 子句中，不能出现在其他地方，例如，不能出现在 select 子句中。

4. Map 连接(Map join)

当一个表非常小，足以直接装载到内存中去时，可以使用 Map 连接以提高效率，例如：

```
Select a.stuNo,b.teacherNamefrom student a join teacher b on a.classNo = b.classNo;
```

当连接用到不等值判断时，也比较适合 Map 连接，适合的具体原因需要深入了解 Hive 和 MapReduce 的工作原理。

8.5.4　子查询

运行以下语句，将返回所有班级平均分的最高记录。

```
Select max(avgScore) as maScore
from
(Select classNo,avg(score) as avgScore from student group byclassNo) a;
```

输出结果为 80.66666666666667。

以上语句为一个子查询，且别名为 a。返回的子查询结果和一个表类似，可以被继续查询。

8.5.5　视图

视图的特点如下：

(1) 视图是一个虚表，一个逻辑概念，可以跨越多张表。表是物理概念，数据放在表中。视图是虚表，操作视图和操作表是一样的，所谓虚是指视图下不存数据。

(2) 视图建立在已有表的基础上，视图赖以建立的这些表称为基表。

(3) 视图可以简化复杂的查询。

视图的语法：

create view 视图表名 as select 基表 1.字段 1，基表 1.字段 2，基表 2.字段 1 …… from 库名 1.表名 库名 2.表名 where 基表 1.字段=基表 2.字段

在 Hive 中，视图中是不存数据的，在 oracle 和 MySQL 中，视图中是可以存数据的，称之为物化，可提高查询速度。和传统数据库中的视图类似，Hive 的视图只是一个定义，视图数据并不会存储到文件系统中。同样，视图是只读的。

运行两个创建视图的命令如下：

```
Create view avg_score as
Select classNo,avg(score) as avgScore from student groupby classNo;
Select max(avgScore) as maScore
From avg_score;
```

8.6 用户定义函数

当 Hive 的内置函数不能满足需要时，可以通过编写用户自定义函数 UDF(User-Defined Functions)插入自己的处理代码并在查询中使用它们。

按实现方式，UDF 分如下 3 类：

(1) 普通的 UDF，用于操作单个数据行，且产生一个数据行作为输出。

(2) 用户定义聚集函数 UDAF(User-Defined Aggregating Functions)，用于接收多个输入数据行，并产生一个输出数据行。

(3) 用户定义表生成函数 UDTF(User-Defined Table-Generating Functions)，用于操作单个输入行，产生多个输出行。

按使用方法，UDF 分如下两类：

(1) 临时函数，只能在当前会话中使用，重启会话后需要重新创建。

(2) 永久函数，可以在多个会话中使用，不需要每次创建。

8.6.1 写 UDF

一个普通 UDF 必须继承自 "org.apache.hadoop.hive.ql.exec.UDF"。一个普通 UDF 必须至少实现一个 evaluate()方法，evaluate()方法支持重载。

UDF 示例代码如下：

```
package com.huawei.bigdata.hive.example.udf;
import org.apache.hadoop.hive.ql.exec.UDF;

public class AddDoublesUDF extends UDF {
 public Double evaluate(Double...a) {
    Double total = 0.0;
    // 处理逻辑部分.
    for (int i = 0; i < a.length; i++)
      if (a[i] != null)
        total += a[i];
    return total;
  }
}
```

写 UDF 的使用方法如下：

(1) 把以上程序打包成 AddDoublesUDF.jar，并上传到 HDFS 指定目录下(如 "/user/hive_examples_jars/")，且创建函数的用户与使用函数的用户有该文件的可读权限。示例语句如下：

```
hdfs dfs -put ./hive_examples_jars /user/hive_examples_jars
hdfs dfs -chmod 777 /user/hive_examples_jars
```

（2）需要使用一个具有 admin 权限的用户登录 beeline 客户端，执行如下命令：

```
kinit Hive 业务用户
beeline
set role admin;
```

（3）在 HiveServer 中定义该函数，以下语句用于创建永久函数：

```
CREATE FUNCTION addDoubles AS
'com.huawei.bigdata.hive.example.udf.AddDoublesUDF'
using jar 'hdfs://hacluster/user/hive_examples_jars/AddDoublesUDF.jar';
```

其中 addDoubles 是该函数的别名，在 SELECT 查询中使用。以下语句用于创建临时函数：

```
CREATE TEMPORARY FUNCTION addDoubles AS
'com.huawei.bigdata.hive.example.udf.AddDoublesUDF'
using jar 'hdfs://hacluster/user/hive_examples_jars/AddDoublesUDF.jar';
```

addDoubles 是该函数的别名，在 SELECT 查询中使用。关键字 TEMPORARY 说明该函数只在当前这个 HiveServer 的会话过程中定义使用。

（4）在 HiveServer 中使用该函数，执行 SQL 语句：

```
SELECT addDoubles(1,2,3);
```

说明：若重新连接客户端再使用函数时出现了 [Error 10011] 的错误，则可执行 "reload function;" 命令后再使用该函数。

（5）在 HiveServer 中删除该函数，执行 SQL 语句：

```
DROP FUNCTION addDoubles;
```

8.6.2　写 UDAF

写 UDAF 需要注意以下事项：

（1）import org.apache.hadoop.hive.ql.exec.UDAF 和 org.apache.hadoop.hive.ql.exec. UDAFEvaluator 是两个必需的包。

（2）函数类需要继承 UDAF 类，内部类 Evaluator 实现 UDAFEvaluator 接口。

（3）Evaluator 需要实现 init、iterate、terminatePartial、merge、terminate 这几个函数。

① init 函数实现接口 UDAFEvaluator 的 init 函数。

② iterate 接收传入的参数，并进行内部的轮转。其返回类型为 boolean。

③ terminatePartial 无参数，它在 iterate 函数轮转结束后，返回轮转数据，terminatePartial 类似于 Hadoop 的 Combiner。

④ merge 接收 terminatePartial 的返回结果，进行数据 merge 操作，其返回类型为 boolean。

⑤ terminate 返回最终的聚集函数结果。

一个求平均数的 UDAF 代码如下：

```
package hive.udaf;
import org.apache.hadoop.hive.ql.exec.UDAF;
```

```
import org.apache.hadoop.hive.ql.exec.UDAFEvaluator;

public class Avg extends UDAF {
    public static class AvgState {
        private long mCount;
        private double mSum;
    }
    public static class AvgEvaluator implements UDAFEvaluator {
        AvgState state;
        public AvgEvaluator() {
            super();
            state = new AvgState();
            init();
        }
        /**
         * init 函数类似于构造函数，用于 UDAF 的初始化
         */
        public void init() {
            state.mSum = 0;
            state.mCount = 0;
        }
        /**
         * iterate 接收传入的参数，并进行内部的轮转。其返回类型为 boolean
         *
         * @param o
         * @return
         */
        public boolean iterate(Double o) {
            if (o != null) {
                state.mSum += o;
                state.mCount++;
            }
            return true;
        }
        /**
         * terminatePartial 无参数，它在 iterate 函数轮转结束后，返回轮转数据
         * terminatePartial 类似于 Hadoop 的 Combiner
         *
         * @return
```

```
        */
    public AvgState terminatePartial() {// combiner
        return state.mCount == 0 ? null : state;
    }
    /**
     * merge 接收 terminatePartial 的返回结果，进行数据 merge 操作，其返回类型为 boolean
     *
     * @param o
     * @return
     */
    public boolean merge(AvgState o) {
        if (o != null) {
            state.mCount += o.mCount;
            state.mSum += o.mSum;
        }
        return true;
    }

    /**
     * terminate 返回最终的聚集函数结果
     *
     * @return
     */
    public Double terminate() {
        return state.mCount == 0 ? null : Double.valueOf(state.mSum
            / state.mCount);
    }
    }
}
```

执行求平均数函数的步骤如下：

(1) 将 Java 文件编译为 Avg_test.jar。

(2) 进入 Hive 客户端添加 jar 包：

```
hive>add jar /run/jar/Avg_test.jar;
```

(3) 创建临时函数：

```
hive>create temporary function avg_test 'hive.udaf.Avg';
```

(4) 查询语句：

```
hive>select avg_test(scores.math) from scores;
```

(5) 销毁临时函数：

```
hive>drop temporary function avg_test;
```

▲ 本 章 小 结 ▲

本章对 Hive 的基本原理架构和重点操作做了详细介绍，它是一个在 Hadoop 上处理结构化数据的工具，具有面向主题、集成、稳定和时变性等特点。本章介绍了 Hive 的基本操作，并通过实例介绍 HiveQL 的安装、配置及使用方法；详细分析了 Hive 中的内部表、外部表、分区表和桶表等类型，通过实例演示了不同导入数据的方式；讲解了查询数据中的排序、聚集、MapReduce 脚本、连接、子查询和视图等功能，并演示了用户定义函数的使用方法。Hive 的学习成本低、使用简单，能够帮助数据分析师轻松地使用 Hadoop 平台对海量数据进行简单的分析，但是对于数据分析的复杂业务逻辑，还需要通过写 MapReduce 来实现。

▲ 习　题 ▲

一、术语解释

1. Hive　　　　2. Hive 分区　　　3. Hive 中的视图
4. Hive 表　　　5. Hive UDF　　　6. Bucket

二、简答题

1. Hive 的主要功能和作用分别是什么？
2. Hive 表如何创建和管理表？
3. Hive 分区如何创建和使用分区表？
4. Hive 的存储格式有哪些？如何选择合适的存储格式？
5. Hive 中的 UDF 是什么？如何创建和使用自定义函数？
6. Hive 中如何创建和使用视图？
7. Hive 中的连接和联接有何不同？
8. Hive 中的性能优化策略有哪些？
9. 如何使用 Hive 中的动态分区？
10. 如何使用 Hive 中的索引？

第 9 章　分布式数据库 HBase

HBase 是一个分布式的、面向列的开源数据库。HBase 在 Hadoop 之上提供了类似于 BigTable 的能力，不同于一般的关系数据库，它是一个适合于非结构化数据存储的数据库。

9.1　安装 HBase

HBase 是一个分布式平台，它能使计算和存储都由 Hadoop 自动调节并分布到接入的计算机单元中。HBase 是 Hadoop 上实现的数据库，Hadoop 和 HBase 是分布式计算和分布式数据库存储的有效组合。

9.1.1　HBase 的安装与配置

本任务使用 3 台节点机组成集群，每台节点机安装 Ubuntu，3 台节点机需要搭建好 Hadoop 分布式系统环境。搭建 Hadoop 分布式系统环境的步骤如下：

(1) 搭建 Hadoop 运行环境，搭建过程参照第 2 章内容。

(2) 登录 node1 节点机，创建 HBase 目录 mkdir -p /home/hbase。

(3) 将下载好的 HBase 软件包上传到 node1 节点机，解压到 /home/hbase 目录：

```
tar -zxvf hbase-2.2.0-bin.tar.gz -C /home/hbase
```

(4) 修改 HBase 配置文件。需要修改的文件主要有 hbase-env.sh、base-site.xml 和 egionserver，配置文件均存放在 /home/hbase/conf/ 目录中。

① 修改 hbase-env.sh 文件。新增配置：

```
export JAVA_HOME=/usr/lib/jvm/java-1.8.0
export HBASE_MANAGES_ZK=true
```

② 修改 regionservers 文件，添加 slave 节点的机器名或者 IP 地址。添加内容如下：

```
node2
node3
```

③ 修改 hbase-site.xml 文件，添加内容如下：

```
<configuration>
<property>
```

```
<name>hbase.rootdir</name>
<value>hdfs://hadoop-master:9000/hbase</value>
</property>
<property>
<name>hbase.cluster.distributed</name>
<value>true</value>
</property>
<property>
<name>hbase.master</name>
<value>hadoop-master:60000</value>
</property>
<property>
<name>hbase.zookeeper.quorum</name>
<value>hadoop-master,hadoop-slave1,hadoop-slave2 </value>
</property>
<property>
<name>hbase.tmp.dir</name>
<value>$HBASE_HOME/tmp</value>
</property>
<property>
<name>hbase.zookeeper.property.dataDir</name>
<value>/home/beihang/soft/zookeeper</value>
</property>
</configuration>
```

④ 查看当前 HBase 所基于的 Hadoop 版本, 并做版本适配。

输入命令 "# ls lib | grep '^hadoop-'", 输出结果如下:

```
hadoop-annotations-2.9.0.jar
hadoop-auth-2.9.0.jar
hadoop-client-2.9.0.jar
hadoop-common-2.9.0.jar
hadoop-hdfs-2.9.0.jar
hadoop-mapreduce-client-app-2.9.0.jar
hadoop-mapreduce-client-common-2.9.0.jar
hadoop-mapreduce-client-core-2.9.0.jar
hadoop-mapreduce-client-jobclient-2.9.0.jar
hadoop-mapreduce-client-shuffle-2.9.0.jar
hadoop-yarn-api-2.9.0.jar
hadoop-yarn-client-2.9.0.jar
hadoop-yarn-common-2.9.0.jar
```

hadoop-yarn-server-common-2.9.0.jar

hadoop-yarn-server-nodemanager-2.9.0.jar

本书的 HBase 版本是基于 Hadoop-2.9.0 的，如果 Hadoop 的版本不是 2.9.0，为了避免出现配置错误，则应该把相应的 Hadoop jar 包复制到 HBase 的 lib 文件下，可做如下操作：

第一步操作如下：

$ ls lib | grep '^hadoop-' | \

sed 's/2.9.0/[的 Hadoop 版本]/' | \

xargs -i find $HADOOP_HOME -name {} | \

xargs -i cp {} /home/hadoop/hbase-2.2.0-hadoop2/lib/

第二步操作如下：

$ rm –rf lib/hadoop-*2.9.0.jar

第一步为复制相应的 Hadoop jar 包到 HBase 的 lib 文件，第二步为删除 lib 文件下的相关 Hadoop-2.9.0 的 jar 包。输入命令时注意修改文件路径为相应内容，这两步的执行顺序不能颠倒。

(5) 将 node1 节点机的 HBase 系统复制到 node2、node3 节点机上，操作语句如下：

$scp -r hbase node2:/home

$scp -r hbase node3:/home

(6) 分别修改 3 台节点机的文件属性，操作语句如下：

$ chown -R hadoop:Hadoop/home/hbase

至此，HBase 环境搭建完成。

9.1.2 HBase 的运行步骤

运行 HBase 主要包含以下 3 个步骤：

(1) 以 Hadoop 用户登录 node1 节点机，启动 HBase 服务，操作语句如下：

start-hbase.sh

(2) 登录各节点机，并检查运行状态，操作如下：

jps

Master 节点显示有 Hmater 进程，slave 节点显示有 HregionServer 和 HquorumPeer，说明系统启动正常。

(3) 打开浏览器，登录 HBase 的 Web 服务，访问地址 http://node1:60010/master-status 可以看到整个 HBase 集群的状态。

9.1.3 HBase Shell 命令

在实际应用中，需要通过 Shell 命令操作 HBase 数据库。HBase Shell 是 HBase 的命令行工具，用户不仅可以方便地创建、删除及修改表，还可以向表中添加数据，列出表中的相关信息等。常用的 HBase Shell 命令如下所述。

(1) 以 Hadoop 用户登录 node1 节点机，启动 HBase Shell，命令如下：

HBase Shell

启动成功后显示如下：

HBase(main):001:0>

(2) 创建表 scores，包含 grade 和 course 两个列族，命令如下：

HBase(main):001:0>create ' scores', ' grade', ' course'

(3) 查看当前 HBase 的表，命令如下：

HBase(main):002:0>list

(4) 添加记录，命令如下：

HBase(main):003:0>put ' scores', ' huang', ' grade: ', ' 222zbx'

HBase(main):004:0>put ' scores', ' huang', ' course:math', ' 85'

HBase(main):005:0>put ' scores', ' huang', ' course:python', ' 78'

HBase(main):006:0>put ' scores', ' xu', ' grade: ', ' 163soft'

HBase(main):003:0>put ' scores', ' xu', ' course:math', ' 86'

(5) 读记录，命令如下：

HBase(main):008:0>get ' scores', ' huang'

HBase(main):009:0>get ' scores', ' huang', ' grade'

HBase(main):010:0>scan ' scores'

HBase(main):011:0>scan ' sccores',{COLUMN=>' course' }

(6) 删除记录，命令如下：

HBase(main):012:0>delete ' scores', ' huang', ' grade'

(7) 增加列族，命令如下：

HBase(main):013:0>alter ' scores',NAME=>' age'

(8) 删除列族，命令如下：

HBase(main):014:0>alter ' scores',NAME=>' age',METHDO=>' delete'

(9) 查看表结构，命令如下：

HBase(main):015:0>describe ' scores'

(10) 删除表，命令如下：

HBase(main):016:0>disabled ' scores'

HBase(main):017:0>drop ' scores'

9.1.4　HBase 参数的配置

关于 HBase 的所有配置参数，用户可以通过查看 conf/hbase-default.xml 文件获知。每个参数通过 property 节点来区分，其配置方式与 Hadoop 的相同：name 字段表示参数名；value 字段表示对应参数的值；description 字段表示参数的描述信息，相当于注释的作用。HBase 的具体配置格式如下：

```
<configuration>
…
<property>
<name>配置参数</name>
<value>配置参数对应取值</value>
```

```
<description>描述信息</description>
</property>
…
</configuration>
```

如果要对 HBase 进行配置，则只需修改 hbase-default.xml 文件或 hbase-site.xml 文件中的 property 节点(被<property></property>所包含的部分)即可。

9.2　　HBase 体系结构

HBase 是主从分布式架构，隶属于 Hadoop 生态系统，包含 Client、ZooKeeper、HMaster (HBaseMaster 服务器)、HregionServer(Hregion 服务器)、Hregion 等组件。HBase 在底层将数据存储在 HDFS 中，HBase 体系架构如图 9.1 所示。

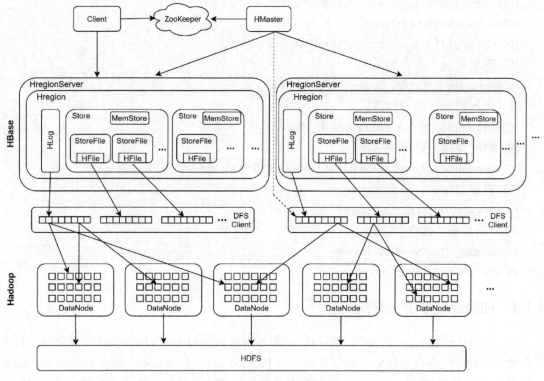

图 9.1　　HBase 体系架构

9.2.1　Hregion

HBase 中的每张表都通过行键(Row key)按照一定的范围被分割为多个 Hregion(子表)。每个 Hregion 都记录了它的起始 Row key 和结束 Row key。其中，第一个 Hregion 的起始 Row key 为空，最后一个 Hregion 的结束 Row key 为空。由于 Row key 是有序的，因而 Client 可以通过 HMaster 快速定位到 Row key 位于哪个 Hregion 中。

　　Hregion 负责和 Client 通信，实现数据的读写。Hregion 是 HBase 中分布式存储和负载均衡的最小单元，不同的 Hregion 分布到不同的 Hregion Server 上，每个 Hregion 大小也都不一样。Hregion 虽然是分布式存储的最小单元，但并不是存储的最小单元。Hregion 由一个或者多个 Store 组成，每个 Store 保存一个列族，因此一个 Hregion 中有多少个列族就有多少个 Store。每个 Store 又由一个 MemStore 和 0 至多个 StoreFile 组成。MemStore 存储在内存中，一个 StoreFile 对应一个 HFile 文件。HFile 存储在 HDFS 上，在 HFile 中的数据是按 Row key、Column Family(列族)、Column 排序的，对相应的单元格(即这 3 个值都相同)则按时间戳倒序排列。

9.2.2　Hregion 服务器

　　所有的数据库数据一般都是保存在 Hadoop 分布式文件系统上面的，用户通过一系列 Hregion 服务器获取这些数据。一台机器上一般只运行一个 Hregion 服务器，而且每一个区段的 Hregion 也只会被一个 Hregion 服务器维护。

　　Hregion 服务器包含 HLOG 和 Hregion 两大部分。其中，HLOG 用来存储数据日志，采用的是先写日志的方式；Hregion 部分由更多的 Hregion 组成，存储的是实际的数据。每一个 Hregion 又由很多的 Store 组成，每一个 Store 存储的实际上是一个列族下的数据。此外，在每一个 Store 中又包含一个 MemStore。MemStore 驻留在内存中，数据到来时首先更新到 MemStore 中，当到达阈值之后再更新到对应的 StoreFile 中。每一个 Store 包含了多个 StoreFile，StoreFile 负责的是实际数据存储，为 HBase 中最小的存储单元。

　　Hregion 服务器是 HBase 集群中对外提供服务的进程，主要负责维护 HMaster 分配给它的 Hregion 的启动和管理，响应用户的读写请求(如 Get、Can、Put、Delete 等)，同时负责切分在运行过程中变得过大的 Hregion。一个 Hregion 服务器包含多个 Hregion。

　　Hregion 服务器通过与 HMaster 通信获取自己需要服务的数据表，并向 HMaster 反馈其运行状况。Hregion 服务器一般和 DataNode 在同一台机器上运行，以实现数据的本地性。

9.2.3　HBaseMaster 服务器

　　每台 Hregion 服务器都会和 HMaster 服务器通信，HMaster 是 HBase 集群的主控服务器，负责集群状态的管理维护。HMaster 的作用如下：

　　(1) 管理用户对表的增、删、改和查操作。

　　(2) 为 HregionServer 分配 Hregion。

　　(3) 管理 HregionServer 的负载均衡，调整 Hregion 分布。

　　(4) 发现失效的 HregionServer 并重新分配其上的 Hregion。

　　(5) 当 Hregion 切分后，负责两个新生成 Hregion 的分配。

　　(6) 处理元数据的更新请求。

9.2.4　ROOT 表和 META 表

　　Hregion 是按照表名和主键范围来区分的，由于主键范围是连续的，因此一般用开始主键就可以表示相应的 Hregion 了。

因为有合并和分割操作,如果正好在执行这些操作的过程中出现了死机的情况,那么就可能存在多份表名和开始主键相同的数据。这时只有开始主键就不够了,这就要通过 HBase 的元数据信息来区分哪一份才是正确的数据文件。为了区分这样的情况,每个 Hregion 都有一个"regionId"来标识它的唯一性。

一个 Hregion 的表达符最后是:表名 + 开始主键 + 唯一的 ID。可以用这个标识符来区分不同的 Hregion,这些数据就是元数据(META),而元数据本身也是被保存在 Hregion 里面的,所以称这个表为元数据表(META TABLE),里面保存的就是 Hregion 标识符和实际 Hregion 服务器的映射关系。

元数据也会增长,并且可能被分割为几个 Hregion。为了定位这些 Hregion,采用一个根数据表,它保存了所有元数据表的位置。而根数据表是不能被分割的,永远只存在一个 Hregion。

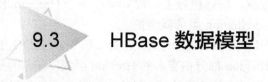

9.3   HBase 数据模型

9.3.1   模型构成

HBase 的数据模型也是由一张张的表组成的,每一张表里也有数据行和列,但是在 HBase 数据库中的行和列又和关系型数据库中的行和列稍有不同。HBase 是一个类似 BigTable 的分布式数据库,它是一个稀疏的、长期存储的(存在硬盘上)、多维度的、排序的映射表。这张表的索引是行关键字、列关键字和时间戳。HBase 中的数据都是字符串,没有类型。

用户在表格中存储数据,每一行都有一个可排序的主键和任意多的列。由于是稀疏存储,因此同一张表里面的每一行数据都可以有截然不同的列。

列名字的格式是"<family>:<qualifier>",是由字符串组成的。每一张表有一个列族集合,这个集合是固定不变的,只能通过改变表结构来改变,但是列标识的值相对于每一行来说都是可以改变的。

HBase 把同一个列族里面的数据存储在同一目录下,并且 HBase 的写操作是锁行的,每一行都是一个原子元素,都可以加锁。HBase 所有数据库的更新都有一个时间戳标记,每个更新都是一个新的版本,HBase 会保留一定数量的版本,这个值是可以设定的。客户端可以选择获取距离某个时间点最近的版本单元的值,或者一次获取所有版本单元的值。

9.3.2   概念视图

HBase 在逻辑层面上的组织结构称为概念视图。HBase 的概念视图是将一个表想象成一个大的映射关系,通过行键、行键 + 时间戳或行键 + 列(列族:列修饰符),就可以定位特定的数据。HBase 是稀疏存储数据的,因此某些列可以是空白的,如表 9.1 所示。

表 9.1　概　念　视　图

Row Key Time Stamp		Column Family:c1		Column Family:c2	
		列	值	列	值
r1	t7	c1:1	value1-1/1	—	—
	t6	c1:2	value1-1/2	—	—
	t5	c1:3	value1-1/3	—	—
	t4	—	—	c2:1	value1-2/1
	t3	—	—	c2:2	value1-2/2
r2	t2	c1:1	value2-1/1	—	—
	t1	—	—	c2:1	value2-1/1

　　从表 9.4 中可以看出，test 表有 r1 和 r2 两行数据，并且有 c1 和 c2 两个列族。在 r1 中，列族 c1 有 3 条数据，列族 c2 有两条数据；在 r2 中，列族 c1 有一条数据，列族 c2 有一条数据。每一条数据对应的时间戳都用数字来表示，编号越大表示数据越旧，反之表示数据越新。

9.3.3　物理视图

　　从概念视图来看每个表格是由很多行组成的，但是在物理存储上面，它是按照列来保存的。HBase 数据的物理视图如表 9.2 和表 9.3 所示。需要注意的是，在概念视图中有些列是空白的，这样的列实际上并不会被存储，当请求这些空白的单元格时，会返回 null 值。如果在查询的时候不提供时间戳，那么会返回距离现在最近的那个版本的数据，因为在存储时，数据会按照时间戳来排序。

表 9.2　HBase 数据的物理视图(1)

Row KeyTime Stamp		Column Family:c1	
		列	值
r1	t7	c1:1	value1-1/1
	t6	c1:2	value1-1/2
	t5	c1:3	value1-1/3

表 9.3　HBase 数据的物理视图(2)

Row KeyTime Stamp		Column Family:c1	
		列	值
r1	t4	c2:1	value1-2/1
	t3	c2:2	value1-2/2

9.4　HBase API

　　HBase API 是 HBase 提供的用于与 HBase 数据库进行交互的接口，主要基于 Java 语言，允许开发者通过编程方式对 HBase 进行各种操作，包括数据的读/写、表的管理等。几个相关类与 HBase 数据模型之间的对应关系如表 9.4 所示。

表 9.4   相关类与 HBase 数据模型之间的对应关系表

Java 类	HBase 数据模型
HBaseAdmin	数据库(DataBase)
HBaseConfiguration	
HTable	表(Table)
HTableDescriptor	列族(Column Family)
Put	列修饰符(Column Qualifier)
Get	
ResultScanner	

9.4.1   HBaseConfiguration 类

HBaseConfiguration 类的含义如表 9.5 所示。

表 9.5   HBaseConfiguration 类的含义

返回值	函　　数	描　　述
void	addResource(Path file)	通过给定的路径所指的文件来添加资源
void	clear()	清空所有已设置的属性
string	get(String name)	获取属性名对应的值
string	getBoolean(String name, boolean defaultvalue)	获取属性值类型为 boolean 类型的属性值，如果其属性值类型不是 boolean，则返回默认属性值
void	set(String name, String value)	通过属性名来设置值
void	setBoolean(String name, boolean value)	设置 boolean 类型的属性值

HBaseConfiguration 类和其他类之间的关系：org.apache.hadoop.hbase.HBaseConfiguration。

HBaseConfiguration 类的作用：对 HBase 进行配置。

HBaseConfiguration 类的用法示例：

```
HBaseConfiguration hconfig = new HBaseConfiguration();
hconfig.set("hbase.zookeeper.property.clientPort","2181");
```

hconfig.set()方法设置了 "hbase.zookeeper.property.clientPort" 的端口号为 2181。一般情况下，HBaseConfiguration 会使用构造函数进行初始化，然后再使用 hconfig 类中的其他方法。

9.4.2   HBaseAdmin 类

HBaseAdmin 类的含义如表 9.6 所示。

表 9.6　HBaseAdmin 类的含义

返 回 值	函　　数	描　　述
void	addColumn(String tableName, HColumnDescriptor column)	向一个已经存在的表添加列
	checkHBaseAvailable(HBaseConfiguration conf)	静态函数, 查看 HBase 是否处于运行状态
	createTable(HTableDescriptor desc)	创建一个表, 同步操作
	deleteTable(byte[] tableName)	删除一个已经存在的表
	enableTable(byte[] tableName)	使表处于有效状态
	disableTable(byte[] tableName)	使表处于无效状态
HTableDescriptor[]	listTables()	列出所有用户控件表项
void	modifyTable(byte[] tableName, HTableDescriptorhtd)	修改表的模式, 是异步的操作, 可能需要花费一定的时间
boolean	tableExists(String tableName)	检查表是否存在

HBaseAdmin 类和其他类之间的关系: org.apache.hadoop.hbase.client.HBaseAdmin。

HBaseAdmin 类的作用: 提供了一个接口来管理 HBase 数据库的表信息。它提供的方法包括创建表、删除表、列出表项、使表有效或无效以及添加或删除表列族成员等。

HBaseAdmin 类的用法示例:

```
HBaseAdmin admin = new HBaseAdmin(config);
admin.disableTable("tablename");
```

9.4.3　HTableDescriptor 类

HTableDescriptor 类的含义如表 9.7 所示。

表 9.7　HTableDescriptor 类的含义

返 回 值	函　　数	描　　述
void	addFamily(HColumnDescriptor)	添加一个列族
HColumnDescriptor	removeFamily(byte[] column)	移除一个列族
byte[]	getName()	获取表的名字
byte[]	getValue(byte[] key)	获取属性的值
void	setValue(String key, String value)	设置属性的值

HTableDescriptor 类和其他类之间的关系: org.apache.hadoop.hbase.HTableDescriptor。

HTableDescriptor 类的作用: 包含了表的名字及其对应表的列族。

HTableDescriptor 类的用法示例:

```
HTableDescriptor htd = new HTableDescriptor(table);
htd.addFamily(new HcolumnDescriptor("family"));
```

在上述例子中,通过一个 HColumnDescriptor 实例,为 HTableDescriptor 添加了一个列族——family。

9.4.4　HcolumnDescriptor 类

HcolumnDescriptor 类的含义如表 9.8 所示。

表 9.8　HcolumnDescriptor 类的含义

返回值	函　　数	描　　述
byte[]	getName()	获取列族的名字
byte[]	getValue(byte[] key)	获取对应属性的值
void	setValue(String key, String value)	设置对应属性的值

HcolumnDescriptor 类和其他类之间的关系:org.apache.hadoop.hbase.HColumnDescriptor。

HcolumnDescriptor 类的作用:维护着关于列族的信息,如版本号、压缩设置等。它通常在创建表或者为表添加列族的时候使用。列族被创建后不能直接修改,只能通过删除然后重新创建的方式来修改。列族被删除的时候,列族里面的数据也会同时被删除。

HcolumnDescriptor 类的用法示例:

```
HTableDescriptor htd = new HTableDescriptor(tablename);
HColumnDescriptor col = new HColumnDescriptor("content:");
htd.addFamily(col);
```

此例添加了一个 content 的列族。

9.4.5　Htable 类

Htable 类的含义如表 9.9 所示。

表 9.9　Htable 类的含义

返　回　值	函　　数	描　　述
void	checkAdnPut(byte[] row, byte[] family, byte[] qualifier, byte[] value, Put put)	自动检查 row/family/qualifier 是否与给定的值匹配
void	close()	释放所有的资源或挂起内部缓冲区中的更新
Boolean	exists(Get get)	检查 Get 实例所指定的值是否存在于 HTable 的列中
Result	get(Get get)	获取指定行的某些单元格所对应的值
byte[][]	getEndKeys()	获取当前已打开的表每个区域的结束键值
Resultscanner	getScanner(byte[] family)	获取当前给定列族的 scanner 实例
HTableDescriptor	getTableDescriptorO	获取当前表的 HTableDescriptor 实例

返 回 值	函　数	描　述
byte[]	getTableName()	获取表名
static boolean	islableEnabled(HBaseConfiguration conf, String tableName)	检查表是否有效
void	put(Put put)	向表中添加值

Htable 类和其他类之间的关系：org.apache.hadoop.hbase.client.HTable。

Htable 类的作用：可以用来和 HBase 表直接通信。此方法对于更新操作来说是非线程安全的。

Htable 类的用法示例：

```
HTable table = new HTable(conf, Bytes.toBytes(tablename));
ResultScanner scanner = table.getScanner(family);
```

9.4.6　Put 类

Put 类的含义如表 9.10 所示。

表 9.10　Put 类的含义

返回值	函　数	描　述
Put	add(byte[] family, byte[] qualifier; byte[] value)	将指定的列和对应的值添加到 Put 实例中
Put	add(byte[] family, byte[] qualifier; long ts, byte[] value)	将指定的列和对应的值及时间戳添加到 Put 实例中
byte[]	getRow()	获取 Put 实例的行
RowLock	getRowLock()	获取 Put 实例的行锁
long	getTimeStamp()	获取 Put 实例的时间戳
boolean	isEmpty()	检查 familyMap 是否为空
Put	setTimeStamp(long timestamp)	设置 Put 实例的时间戳

Put 类和其他类之间的关系：org.apache.hadoop.hbase.client.Put。

Put 类的作用：用于对单个行执行添加操作。

Put 类的用法示例：

```
HTable table = new HTable(conf,Bytes.toBytes(tablename));
Put p = new Put(brow);   //为指定行创建一个 Put 操作
p.add(family,qualifier,value);
table.put(p);
```

9.4.7　Get 类

Get 类的含义如表 9.11 所示。

表 9.11　Get 类的含义

返回值	函　数	描　述
Get	addColumn(byte[] family, byte[] qualifier)	获取指定列族和列修饰符对应的列
Get	addFamily(byte[] family)	通过指定的列族获取其对应列的所有列
Get	setTimeRange(long minStamp,long maxStamp)	获取指定列族的版本号
Get	setFilter(Filter filter)	当执行 Get 操作时设置服务器端的过滤器

Get 类和其他类之间的关系：org.apache.hadoop.hbase.client.Get。

Get 类的作用：用来获取单个行的相关信息。

Get 类的用法示例：

```
HTable table = new HTable(conf, Bytes.toBytes(tablename));
Get g = new Get(Bytes.toBytes(row));
```

9.4.8　Result 类

Result 类的含义如表 9.12 所示。

表 9.12　Result 类的含义

返　回　值	函　数	描　述
boolean	containsColumn(byte[] family, byte[] qualifier)	检查指定的列是否存在
NavigableMap<byte[],byte[]>	getFamilyMap(byte[] family)	获取对应列族所包含的修饰符与值的键值对
byte[]	getValue(byte[] family, byte[] qualifier)	获取对应列的最新值

Result 类和其他类之间的关系：org.apache.hadoop.hbase.client.Result。

Result 类的作用：存储 Get 或者 Scan 操作后获取表的单行值。使用此类提供的方法可以直接获取值或者各种 Map 结构(key-value 对)。

9.4.9　ResultScanner 类

ResultScanner 类的含义如表 9.13 所示。

表 9.13　ResultScanner 类的含义

返回值	函　数	描　述
void	close()	关闭 scanner 并释放分配给它的资源
Result	next()	获取下一行的值

ResultScanner 类和其他类之间的关系：Interface。

ResultScanner 类的作用：客户端获取值的接口。

ResultScanner 类的用法示例：

```
ResultScanner scanner = table.getScanner (Bytes.toBytes(family));
```

```
for (Result rowResult : scanner){
    Bytes[] str = rowResult.getValue(family,column);
}
```

9.5   HBase 编程

9.5.1   HBase 编程配置

使用 HBase 客户端进行编程时，HBase、Hadoop、log4j、commoons-logging、commons-lang、ZooKeeper 等 jar 包对于程序来说是必需的。除此之外，common-configuration、slf4j 等 jar 包也经常被用到。配置 jar 包的具体过程如下。

1. 添加 jar 包

在 HBase 工程上右击 Properties，在弹出的子菜单中选择 Java Build Path，在弹出的对话框中单击 Libraries 选项卡，在该选项卡下单击 Add External jars 按钮，定位到 $HBASE_HOME/lib 目录，并选取 jar 包。也可以在工程目录下创建 lib 文件夹，并代替选项卡添加 jar 包操作。

2. 添加 hbase-site.xml 配置文件

在工程目录下创建 Conf 文件夹，将 $HBASE_HOME/conf/ 目录中的 hbase-site.xml 文件复制到该文件夹中。通过右键选择 Properties→Java Build Path→Libraries→Add Class Folder，然后勾选 Conf 文件夹进行添加。

之后便可以调用 HBase API 编写程序了。还可以通过运行 HBase Shell 与程序操作进行交互。

9.5.2   HBase 编程示例

本节对常用的 HBase API 进行了简单的介绍。下面给出一个简单的例子对 HBase 的使用方法及特点进行更深入的说明，代码如下：

```
package chapter11;

import java.io.IOException;

import org.apache.hadoop.conf.Configuration;
import org.apache.hadoop.hbase.HBaseConfiguration;
import org.apache.hadoop.hbase.HColumnDescriptor;
import org.apache.hadoop.hbase.HTableDescriptor;
import org.apache.hadoop.hbase.client.Get;
```

```java
import org.apache.hadoop.hbase.client.HBaseAdmin;
import org.apache.hadoop.hbase.client.HTable;
import org.apache.hadoop.hbase.client.Put;
import org.apache.hadoop.hbase.client.Result;
import org.apache.hadoop.hbase.client.ResultScanner;
import org.apache.hadoop.hbase.client.Scan;
import org.apache.hadoop.hbase.util.Bytes;


public class HBaseTestCase {
//声明静态配置  HBaseConfiguration
static Configuration cfg=HBaseConfiguration.create();

//创建一张表，通过 HbaseAdmin、HTableDescriptor 来创建
public static void creat(String tablename,String columnFamily) throws Exception {
HBaseAdmin admin = new HBaseAdmin(cfg);
if (admin.tableExists(tablename)) {
System.out.println("table Exists!");
System.exit(0);
}
else{
HTableDescriptor tableDesc = new HTableDescriptor(tablename);
tableDesc.addFamily(new HColumnDescriptor(columnFamily));
admin.createTable(tableDesc);
System.out.println("create table success!");
}
}

//添加一条数据，通过 HTable Put 为已经存在的表添加数据
public static void put(String tablename,String row, String columnFamily,String column,String data) throws
Exception {
HTable table = new HTable(cfg, tablename);
Put p1=new Put(Bytes.toBytes(row));
p1.add(Bytes.toBytes(columnFamily), Bytes.toBytes(column), Bytes.toBytes(data));
table.put(p1);
System.out.println("put '"+row+"','"+columnFamily+":"+column+"','"+data+"'");
}
```

```java
public static void get(String tablename,String row) throws IOException{
HTable table=new HTable(cfg,tablename);
Get g=new Get(Bytes.toBytes(row));
Result result=table.get(g);
System.out.println("Get: "+result);
}
//显示所有数据，通过 HTable Scan 来获取已有表的信息
public static void scan(String tablename) throws Exception{
HTable table = new HTable(cfg, tablename);
Scan s = new Scan();
ResultScanner rs = table.getScanner(s);
for(Result r:rs){
System.out.println("Scan: "+r);
}
}


public static boolean delete(String tablename) throws IOException{
HBaseAdmin admin=new HBaseAdmin(cfg);
if(admin.tableExists(tablename)){
try
{
admin.disableTable(tablename);
admin.deleteTable(tablename);
}catch(Exception ex){
ex.printStackTrace();
return false;
}

}
return true;
}

public static void main (String [] agrs) {
String tablename="hbase_tb";
String columnFamily="cf";

try {
HBaseTestCase.creat(tablename, columnFamily);
```

```
HBaseTestCase.put(tablename, "row1", columnFamily, "cl1", "data");
HBaseTestCase.get(tablename, "row1");
HBaseTestCase.scan(tablename);
/* if(true==HBaseTestCase.delete(tablename))
System.out.println("Delete table:"+tablename+"success!");
*/
}
catch (Exception e) {
e.printStackTrace();
}
}
}
```

在该类中，实现了类似 HBase Shell 的表的创建操作以及 Put、Get、Scan 和 Delete 操作。

9.5.3　HBase 与 MapReduce 结合使用示例

在伪分布式模式和完全分布式模式下，HBase 是架构在 HDFS 之上的，因此完全可以将 MapReduce 编程框架和 HBase 结合起来使用，即将 HBase 作为底层的存储结构，MapReduce 调用 HBase 进行特殊的处理，这样能够充分结合 HBase 分布式大型数据库和 MapReduce 并行计算的特点。下面是一个 Word Count 将 MapReduce 与 HBase 结合起来使用的例子，在 这个例子中，输出文件为 user/hadoop/input/file01 和 user/hadoop/input/file02。程序先从文 件中收集数据，在 shuffle 完成之后进行统计并计算，最后将计算结果存储到 HBase 中。代 码如下：

```
package com.songguoliang.hbase;

import java.io.IOException;

import org.apache.hadoop.conf.Configuration;
import org.apache.hadoop.fs.Path;
import org.apache.hadoop.hbase.HBaseConfiguration;
import org.apache.hadoop.hbase.HColumnDescriptor;
import org.apache.hadoop.hbase.HTableDescriptor;
import org.apache.hadoop.hbase.client.HBaseAdmin;
import org.apache.hadoop.hbase.client.Put;
import org.apache.hadoop.hbase.mapreduce.TableOutputFormat;
import org.apache.hadoop.hbase.mapreduce.TableReducer;
import org.apache.hadoop.hbase.util.Bytes;
```

```java
import org.apache.hadoop.io.IntWritable;
import org.apache.hadoop.io.LongWritable;
import org.apache.hadoop.io.NullWritable;
import org.apache.hadoop.io.Text;
import org.apache.hadoop.io.Writable;
import org.apache.hadoop.mapreduce.Job;
import org.apache.hadoop.mapreduce.Mapper;
import org.apache.hadoop.mapreduce.Reducer;
import org.apache.hadoop.mapreduce.lib.input.FileInputFormat;
import org.apache.hadoop.mapreduce.lib.input.TextInputFormat;


public class WordCountHBase {
public static class Map extends Mapper<LongWritable, Text, Text, IntWritable>{
  private IntWritable one=new IntWritable(1);
  protected void map(LongWritable key, Text value, Mapper<LongWritable, Text, Text, IntWritable>.Context context) throws IOException, InterruptedException {
        //将输入的每行内容以空格分开
        String words[]=value.toString().trim().split("");
        for(String word:words){
            context.write(new Text(word), one);
        }
    }
  }
    public static class Reduce extends TableReducer<Text, IntWritable, NullWritable>{
    protected void reduce(Text key, Iterable<IntWritable> values, Reducer<Text, IntWritable, NullWritable, Writable>.Context context) throws IOException, InterruptedException {
        int sum=0;
        for(IntWritable value:values){
            sum+=value.get();
        }
        //Put 实例化，每一个单词存一行
        Put put=new Put(Bytes.toBytes(key.toString()));
        //列族为 content，列修饰符为 count，列值为数量
        put.add(Bytes.toBytes("content"), Bytes.toBytes("count"), Bytes.toBytes(String.valueOf(sum)));
        context.write(NullWritable.get(), put);
    }
  }
public static void createHBaseTable(String tableName) throws IOException{
```

```
        HTableDescriptor tableDescriptor=new HTableDescriptor(tableName);
        HColumnDescriptor columnDescriptor=new HColumnDescriptor("content");
        tableDescriptor.addFamily(columnDescriptor);
        Configuration conf=HBaseConfiguration.create();
        conf.set("hbase.zookeeper.quorum", "sdw1,sdw2");
        HBaseAdmin admin=new HBaseAdmin(conf);
        if(admin.tableExists(tableName)){
                System.out.println("表已存在，正在尝试重新创建表！");
                admin.disableTable(tableName);
                admin.deleteTable(tableName);
        }
        System.out.println("创建新表： "+tableName);
        admin.createTable(tableDescriptor);
    }

    public static void main(String[] args) {
      try {
                String tableName="wordcount";
                createHBaseTable(tableName);

                Configuration conf=new Configuration();
                conf.set(TableOutputFormat.OUTPUT_TABLE, tableName);
                conf.set("hbase.zookeeper.quorum", "sdw1,sdw2");
                String input=args[0];
                Job job=new Job(conf, "WordCount table with "+input);
                job.setJarByClass(WordCountHBase.class);
                job.setMapperClass(Map.class);
                job.setReducerClass(Reduce.class);
                job.setMapOutputKeyClass(Text.class);
                job.setMapOutputValueClass(IntWritable.class);
                job.setInputFormatClass(TextInputFormat.class);
                job.setOutputFormatClass(TableOutputFormat.class);
                FileInputFormat.addInputPath(job, new Path(input));
                System.exit(job.waitForCompletion(true)?0:1);
      } catch (Exception e) {
                e.printStackTrace();
      }
```

```
        }
    }
```

9.6　模 式 设 计

HBase 与关系数据库管理系统(RDBMS)的区别：HBase 的 Cell 是具有版本描述的，行是有序的，列在所属列族存在的情况下，由客户端自由添加。

9.6.1　模式设计原则

1. 列族的数量及列族的势

建议 HBase 列族的数量设置得越少越好。由于 HBase 的 FLUSHING 和压缩是基于 REGION 的，因此当一个列族所存储的数据达到 FLUSHING 阈值时，该表的所有列族将同时进行 FLASHING 操作。这会带来不必要的 I/O 开销。同时还要考虑到同一个表中不同列族所存储的记录数量的差别，即列族的势。当列族的数量差别过大时，将会使包含记录数量较少的列族的数据分散在多个 Region 之上，而 Region 可能分布在不同的 Region Server 上，这样当进行查询等操作时，系统的效率会受到一定影响。

2. 行键的设计

应避免使用时序或单调行键，因为当数据到来时，HBase 首先需要根据记录的行键来确定存储位置，即 Region 的位置。如果使用时序或单调行键，那么连续到来的数据将会被分配到同一个 Region 中，而此时系统中的其他 Region/Region Server 将处于空闲状态，这是分布式系统最不希望出现的状态。

3. 尽量最小化行键和列族的大小

HBase 中的一条记录是由存储该值的行键、对应的列以及该值的时间戳决定的。HBase 中的索引是为了加速随机访问的速度，该索引的创建基于"行键 + 列族：列 + 时间戳 + 值"。如果行键和列族的数量过大，将会增加索引的大小，加重系统的存储负担。

4. 版本数量

HBase 在进行数据存储时，新数据不会直接覆盖旧数据，而是进行追加操作，不同的数据可以通过时间戳进行区分。默认每行数据存储 3 个版本，建议不要将其设置过大。

下面以学生表和事件表的实例来演示模式设计如何实现。

9.6.2　学生表

在 HBase 中，学生表数据存储的模式如表 9.14 和表 9.15 所示。

表 9.14   学生表数据存储模式

Row key	CF(列族)	CF
—	info	course
Student_id (reverse 逆排序)	info:name info:age info:sex	Course:c1 Course:c2 ...

表 9.15   Course 表

Row key	CF(列族)	CF
—	info	Student
Course_id (reverse 逆排序)	info:title info:introduction info:teacher_id	Student:t1 =student_id Student:t2 ...

在 RDBMS 中可以完成的操作，在 HBase 中不但可以完成，还可以有更好的执行效率。在 HBase 中 Row key 是索引，因此在 HBase 中对数据进行查询比 RDBMS 更快。

9.6.3   事件表

在 HBase 中为了加快数据的查询速度，需要将数据以用户聚簇的方式存放，并且按照事件发生的时间倒序排列。那么在 HBase 中将有如表 9.16 所示的存储模式。

表 9.16   事　件　表

Row key	Column Family	
	A_Name	value
<A_UserId><Long.Max_Value-System. currentTimeMills()><A_Id>	A_Name	the name

本 章 小 结

本章介绍了 HBase，包括 HBase 的安装、HBase 体系结构、HBase 数据模型、HBase API、HBase 编程和模式设计，从整体上帮助读者理解 HBase 数据库和 HBase 分布式集群的搭建。本章还介绍了 HBase Shell 以及如何使用 HBase 编程、设计表等内容，从而能够帮助读者熟练掌握 HBase 的基本操作。

习　　题

一、术语解释

1. HBase　　　　2. 数据模型　　　　3. ZooKeeper　　　　4. 自动分区

5. 手动分区　　　6. 过滤器　　　　7. 事务支持

二、简答题

1. 分布式数据库 HBase 的主要特点是什么？

2. 如何实现 HBase 的架构？

3. HBase 中的数据模型具有哪些特点？

4. HBase 中的 ZooKeeper 的作用是什么？

5. HBase 模式设计的原则是什么？

6. HBase 中的自动分区和手动分区有什么区别？

7. Hbase 是主从分布式架构，其由哪些部分组成？

8. HBase 中的过滤器是什么？如何在读取数据时使用过滤器？

9. HBase 中的事务支持功能有哪些？

10. HBase 中的安全性是怎样保障的？

第 10 章　分布式协调服务 ZooKeeper

ZooKeeper 作为分布式的服务框架，主要用来解决分布式集群中应用系统的一致性问题，它提供基于类似于文件系统的目录节点树的数据存储方式。但是 ZooKeeper 并不是专门用来存储数据的，它的主要作用是维护和监控存储的数据的状态变化。通过监控这些数据状态的变化，从而实现基于数据的集群管理。

10.1　ZooKeeper 概述

最初，在 Hadoop 生态系统中，存在很多服务框架或组件(如 Hive、Pig 等)，每个服务框架或组件之间进行协调处理是一件很麻烦的事情，需要一种高可用、高性能、数据强一致性的服务框架来协调处理这些服务组件。因此，雅虎的工程师们创造了这个中间程序，中间程序的命名使开发人员发愁，后来开发人员突然想到 Hadoop 中的功能名字大多是动物名字，似乎缺乏一个管理员，而 ZooKeeper 的功能又类似管理员，因此 ZooKeeper 便应运而生。后来，ZooKeeper 成为 Hadoop 子项目，主要为 Hadoop 生态系统中的一些列组件提供统一的分布式协调服务。

在 Hadoop 1.0 时代，也就是 2011 年 1 月，ZooKeeper 脱离了 Hadoop，成为 Apache 顶级的开源项目，一直发展至今。

在 ZooKeeper 的工作集群中角色可以简单分成两类：一个是 Leader，只有一个；其余的都是 Follower。Leader 是通过内部选举确定的。

Leader 和各个 Follower 之间是互相通信的，ZooKeeper 系统的数据都是保存在内存里面的，同样会在磁盘上备份。

如果 Leader 死机，那么 ZooKeeper 集群会立即重新选举出一个 Leader。ZooKeeper 集群如图 10.1 所示。集群中除非有一半以上的 ZooKeeper 节点死机，ZooKeeper Service 才不可使用。

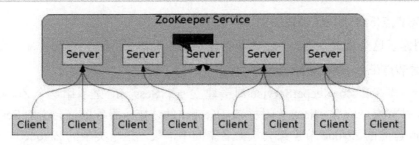

图 10.1　ZooKeeper 集群

10.2　ZooKeeper 数据模型

ZooKeeper 数据模型是其实现的基础，具体包括 ZNode、ZooKeeper 中的时间和 ZooKeeper 节点属性部分。

10.2.1　ZNode

ZooKeeper 的数据节点称为 ZNode，ZNode 是 ZooKeeper 中数据的最小单元，每个 ZNode 都可以保存数据，同时还可以挂载子节点。因此构成了一个层次化的命名空间，称为树，ZooKeeper 树如图 10.2 所示。

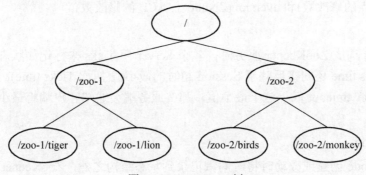

图 10.2　ZooKeeper 树

每个 ZNode 由以下 3 部分组成：

(1) stat：状态信息，包括该 ZNode 的版本、权限等信息。

(2) data：该 ZNode 关联的数据。

(3) children：该 ZNode 下的子节点。

ZNode 虽然能够关联数据，但并不是被设计来存储大量数据的。相反，ZNode 只能存储和管理调度数据(需要协调的分布式应用数据)，这些数据的数据量非常小，大多都是 KB 级别的，ZNode 能够关联的数据最大为 1 MB。

ZooKeeper 中 ZNode 的节点在创建时是可以指定类型的，主要有如下几种类型。

1. 永久节点(Persistent Nodes)

一旦创建了这个永久节点，存储的数据就不会主动消失，除非是客户端主动将其删除。

2. 临时节点(Ephemeral Nodes)

当 Client 连接到 ZooKeeperService 时会建立一个 Session，之后用这个 ZooKeeper 连接实例创建临时节点。一旦 Client 关闭了 ZooKeeper 的连接，服务器就会清除 Session，然后这个 Session 建立的 ZNode 节点都会从命名空间中消失。这个类型的 ZNode 的生命周期和 Client 建立的连接是一样的。

3. 顺序节点(Sequence Nodes)

Client 创建顺序节点时，指定一个路径，ZooKeeper 自动在路径尾部添加 1 个递增的计数器，计数值对于此节点的父节点是唯一的(10 位数字)。需要注意的是，当删除 1 个编号为 005 的顺序节点，再增加一个顺序节点时，新节点的编号从 006 开始。

10.2.2　ZooKeeper 的记录时间方式

ZooKeeper 有很多记录时间的方式，下面介绍常用的 4 种方式。

1. Zxid

Zxid 是 ZooKeeper 系统的 ID 号，ZooKeeper 每次发生改动都会增加 Zxid，Zxid 越大，发生的时间越靠后。

2. 版本号

对 ZNode 的改动会增加版本号。版本号包括 version(ZNode 上数据的修改数)、cversion(ZNode 的子节点的修改数)和 aversion(ZNode 上 ACL 的修改数)。

3. Ticks

多个 Server 构成 ZooKeeper 服务时，各个 Server 用 Ticks 来标记如状态上报和连接超时等事件。Ticks time 还间接反映了 Session 超时的最小值(两次 Ticks time)。如果客户端请求的最小 Session timeout 低于这个最小值，那么服务端会通知客户端将最小超时置为这个最小值。

4. Real time

除每次 ZNode 创建或改动时将时间戳记录到状态结构之外，ZooKeeper 不使用时钟时间(Real time)。

10.2.3　ZooKeeper 节点属性

get 命令会显示该节点的数据内容和属性信息。使用方法为 get<path>，ZNode 节点属性信息如下：

```
[zk:localhost:2181(CONNECTED)32]get /brokers/topics/RETURNG0ODS_SVNC
{"versian":1,"partitians":<"G":[G,2,1]}}
cZxid =6x366664113
ctime =Mon Jan 2513:56:47 CST 2616
```

```
mZxid =6x366664113
mtime =Mon Jan 2513:56:47 CST 2816
pZxid =Sx386664117
cversion =1
dataWersion =0
aclcersion =0
ephemeralowner =0x0
dataLength =40
numChildren =1
```

存在于节点中的状态结构由以下几部分组成：

(1) Czxid：节点创建产生的 Zxid。

(2) Mzxid：节点最后一次修改的 Zxid。

(3) Ctime：节点创建的时间的绝对毫秒数。

(4) Mtime：节点最后一次修改的绝对毫秒数。

(5) Version：节点上数据的修改数。

(6) Cversion：子节点修改数。

(7) Aversion：节点的 ACL 修改数。

(8) ephemeralOwner：临时节点所有者的 Session id。如果此节点非临时节点，则该值为 0。

(9) dataLength：节点的数据长度。

(10) numChildren：节点的子节点数。

10.2.4　Watch 触发器

一个 ZooKeeper 的节点可以被监控，包括这个目录中存储的数据的修改。子节点目录的变化都会被监控，一旦这些目录发生变化，就可以通知设置监控的客户端。这个功能是 ZooKeeper 最重要的应用特性，通过这个特性可以实现的功能包括配置的集中管理、集群管理和分布式锁等。

一个 Watch 事件是一个一次性的触发器，当被设置了 Watch 的数据发生改变时，服务器会将这个改变发送给设置了 Watch 的客户端，以便通知它们。

1. Watch 类型

ZNode 的改变有很多种方式，如节点创建、节点删除、节点改变和子节点改变等。

ZooKeeper 维护了两个 Watch 列表，一个是节点数据 Watch 列表，另一个是子节点 Watch 列表。getData() 和 exists() 设置数据 Watch 列表，getChildren() 设置子节点 Watch 列表。两者选其一，可以根据不同的返回结果选择不同的 Watch 方式，getData() 和 exists() 返回节点的内容，getChildren() 返回子节点列表。

因此，setData() 触发内容 Watch，create() 触发当前节点的内容 Watch 或者是其父节点的子节点 Watch。delete() 同时触发父节点的子节点 Watch 和内容 Watch，以及子节点的内容 Watch。

2. Watch 的注册与触发

注册 Watch 的方法：getData()、exists()和 getChildren()。

触发 Watch 的方法：create()、delete()和 setData()。连接断开的情况下触发的 Watch 会丢失。Watch 设置操作及相应的触发器如表 10.1 所示。

表 10.1　Watch 设置操作及相应的触发器

设置 Watch	Watch 触发器				
	create		delete		setData
	ZNode	child	ZNode	child	ZNode
exists()	NodeCreated	—	NodeDeleted	—	NodeDataChanged
getData()	—	—	NodeDeleted	—	NodeDataChanged
getChildren()	—	NodeChildrenChanged	NodeDeleted	NodeDeletedChanged	

exists()操作上的 Watch，在被监视的 ZNode 创建、删除或数据更新时被触发。getData()操作上的 Watch，在被监视的 ZNode 删除或数据更新时被触发，在创建时不能被触发，因为只有一个 ZNode 存在，getData()操作时才会成功。getChildren()操作上的 Watch，在被监视的 ZNode 的子节点创建或删除，或是这个 ZNode 自身被删除时被触发。可以通过查看 Watch 事件类型来区分是 ZNode 被删除，还是它的子节点被删除，如调用 NodeDelete()表示 ZNode 被删除，调用 NodeDeletedChanged()表示它的子节点被删除。

一个 Watch 实例是一个回调函数，被回调一次后就被移除了。如果还需要关注数据的变化，则需要再次注册 Watch。

新的 ZooKeeper 节点注册时的 Watch 叫 default Watcher，它不是一次性的，它只对 Client 的连接状态变化作出反应。

10.3　ZooKeeper 集群的安装和配置

ZooKeeper 能够很容易地实现集群管理的功能，若有多台 Server 组成一个服务器集群，那么必须要有一个"总管"知道当前集群中每台机器的服务状态。一旦有机器不能提供服务，就必须让集群中其他服务组件知道，从而做出调整，重新分配服务策略。同样，当增加集群的服务组件时，就会增加一台或多台 Server，此时也必须让"总管"知道。

在 Ubuntu 18.04 上安装和配置 Apache ZooKeeper 是为了实现弹性(动态调整资源分配)和高可用性，ZooKeeper 会通过一组称为集合的主机进行复制。首先，将创建单节点 ZooKeeper 服务器的独立安装程序，然后添加有关设置多节点集群的详细信息。独立安装在开发和测试环境中很有用，但集群安装在生产环境中是最实用的解决方案。

1. ZooKeeper 集群的安装步骤

(1) 使用 wget 命令以及复制的链接下载 ZooKeeper 二进制文件：https://mirrors.tuna.tsinghua.edu.cn/apache/zookeeper/zookeeper-3.5.5/apache-zookeeper-3.5.5.tar.gz。

（2）解压为 tar -zxvf apache-zookeeper-3.5.5.tar.gz；重命名为 mv apache-zookeeper-3.5.5 ZooKeeper。

（3）进入 ZooKeeper 目录，创建 data 目录。在 3 个 ZooKeeper 节点中的 data 目录下分别创建 myid 文件，并分别添加内容 0、1 和 2。

（4）在 conf 目录下删除 zoo_sample.cfg 文件，创建一个名为 zoo.cfg 的配置文件，代码如下：

```
# The basic time unit in milliseconds used by ZooKeeper
tickTime=2000
# the location to store the in-memory database snapshots and,
# unless specified otherwise,
# the transaction log of updates to the database
dataDir=/usr/local/zookeeper/data
# the port to listen for client connections
clientPort=2181
# timeouts ZooKeeper uses to limit the length of time the ZooKeeper
# servers in quorum have to connect to a leader
initLimit=5
# limits how far out of date a server can be from a leader
syncLimit=2
server.1=zoo1:2888:3888
server.2=zoo2:2888:3888
server.3=zoo3:2888:3888
```

2. ZooKeeper 集群的最低配置要求

ZooKeeper 集群的最低配置要求必须配置的参数如下：

（1）ClientPort：监听客户端连接的端口。

（2）tickTime：基本时间单元，作为 ZooKeeper 服务器之间或客户端与服务器之间维持心跳的时间间隔，每隔 tickTime 时间就会发送一个心跳。最小的会话超时时间为 tickTime 的 2 倍。

（3）dataDir：存储内存中数据库快照的位置，如果不设置该参数，则更新的日志将被存储到默认位置。

应该谨慎地选择日志存放的位置，使用专用的日志存储设备能够大大提高系统的性能。如果将日志存储在比较繁忙的存储设备上，那么将会很大程度上影响系统的性能。

3. ZooKeeper 集群的可选配置参数

ZooKeeper 集群的可选配置参数如下：

（1）dataLogdDir：ZooKeeper 保存事务日志的目录。在没有 dataLogDir 配置项时，ZooKeeper 默认将事务日志文件和快照日志文件都存储在 dataDir 对应的目录下。建议将事务日志(dataLogDir)与快照日志(dataLog)单独配置，因为当 ZooKeeper 集群进行频繁的数据读写操作时，会产生大量的事务日志信息。将两类日志分开存储可提高系统性能，而且可以允许将两类日志存储在不同的存储介质上，以减少磁盘压力，配置代码如下：

```
#the location of the log file
dataLogDir=/usr/local/zookeeper/log
```

(2) maxClientCnxns：限制连接到 ZooKeeper 的客户端数量(默认是 60)，并限制并发连接的数量，通过 IP 来区分不同的客户端。此配置选项可以阻止某些类别的 Dos 攻击。将 maxClientCnxns 设置为零或忽略不进行设置将会取消对并发连接的限制。

例如，此时将 maxClientCnxns 的值设为 1，代码如下：

```
# set maxClientCnxns
maxClientCnxns=1
```

启动 ZooKeeper 之后，首先用一个客户端连接到 ZooKeeper 服务器上。之后如果有第二个客户端尝试对 ZooKeeper 进行连接，或者有某些隐式地对客户端的连接操作，那么将会触发 ZooKeeper 的上述配置，系统会提示 ZooKeeper maxClientCnxns 异常信息如下：

```
[zk:localhost:2181(CONNECTED)0]2011-01-1808:53:52,748 -WARN[NIOServerCxn
Factory:0.0.0.0/0.0.0.0:2181:NIOServerCnxnsFactorye246]-Too many connections
rom /127.0.0.1 -max is 1
2011-01-1808:54:05,792 -WARN [NIOServerCxn.Factory:0.0.0.0/0.0.0.0:2181:NIOSd
rverCnxnsFactorye246]-Too many connections from /127.0.0.1-max is 1
```

(3) minSessionTimeout 和 maxSessionTimeout：分别是最小的会话超时时间和最大的会话超时时间。在默认情况下，minSessionTimeout = 2 × tickTime；maxSessionTimeout = 20 × tickTime。一般地，客户端连接 ZooKeeper 时，都会设置一个 Session Timeout，如果超过这个时间 Client 没有与 ZooKeeperserver 进行联系，则这个 Session 会被设置为过期。但是这个时间不是客户端可以无限制设置的，服务器可以设置这两个参数来限制客户端设置时间的范围。

4. ZooKeeper 集群的配置参数

ZooKeeper 集群的配置参数如下：

(1) initLimit：集群中的 Follower 服务器与 Leader 服务器之间初始连接时能容忍的最多心跳数(tickTime 的数量)。该参数允许 Follower(相对于 Leader 而言的"客户端")连接并同步到 Leader 的初始化连接时间，以 tickTime 为单位。当初始化连接时间超过该值时，则表示连接失败。

(2) syncLimit：表示 Leader 与 Follower 之间发送消息时，请求和应答的时间长度。如果 Follower 在设置时间内不能与 Leader 通信，那么此 Follower 将会被丢弃。

(3) Server.A=B：C：D。其中 A 是一个数字，表示这个是服务器的编号；B 是这个服务器的 IP 地址；C 是 Leader 选举的端口；D 是 ZooKeeper 服务器之间的通信端口。

(4) myid 和 zoo.cfg：除了修改 zoo.cfg 配置文件，集群模式下还要在 dataDir 里配置一个文件 myid，其中填入 A 的值，ZooKeeper 启动时会读取这个文件。读取到里面的数据后，将这些数据与 zoo.cfg 里面的配置信息进行比较，从而判断到底是哪个 Server。

10.4　ZooKeeper 主要的 Shell 操作

1. ZooKeeper 命令工具

启动 ZooKeeper 服务之后，输入以下命令，可连接到 ZooKeeper 服务：

zkCli.sh -server localhost:2181

连接成功之后，系统会输出 ZooKeeper 的相关环境及配置信息，并在屏幕上输出"welcome to ZooKeeper！"等信息。输入 help 之后，屏幕会输出可用的 ZooKeeper 命令。

2. 使用 ZooKeeper 命令的简单操作步骤

使用 ZooKeeper 命令的简单操作步骤如下：

(1) 查看节点：ls path [watch] 或 get path [watch] 或 ls2 path [watch]。

其中，ls 命令可以列出 ZooKeeper 指定节点下的所有子节点，只能查看指定节点下的第一级的所有子节点；get 命令可以获取 ZooKeeper 指定节点的数据内容和属性信息；ls2 命令可以列出 ZooKeeper 指定节点下的所有子节点及其属性信息。

(2) 创建节点：create [-s] [-e] path data acl。

其中，-s 指定节点的特性和顺序；-e 指定临时节点，若不指定，则表示永久节点；acl 用来进行权限控制。

① 创建顺序节点：

[zk: localhost:2181(CONNECTED) 1] create -s /test 123

Created /test0000000004

② 创建临时节点：

[zk: localhost:2181(CONNECTED) 2] create -e /test-tmp 123tmp

Created /test-tmp

③ 创建永久节点：

[zk: localhost:2181(CONNECTED) 17] create /test-p 123p

Created /test-p

(3) 查看节点内容 get path [watch]，代码如下：

```
   [zk: localhost:2181(CONNECTED) 21] get /test-p
123p
cZxid = 0x80000000a
ctime = Wed Jul 04 23:57:01 CST 2018
mZxid = 0x80000000a
mtime = Wed Jul 04 23:57:01 CST 2018
pZxid = 0x80000000a
cversion = 0
dataVersion = 0
```

```
aclVersion = 0
ephemeralOwner = 0x0
dataLength = 4
numChildren = 0
```

(4) 更改节点信息：set path data [version]。data 是要更新的新内容，version 表示数据版本。更改节点信息的代码如下：

```
[zk: localhost:2181(CONNECTED) 22] set /test-p 123456
cZxid = 0x80000000a
ctime = Wed Jul 04 23:57:01 CST 2018
mZxid = 0x80000000b
mtime = Thu Jul 05 00:01:59 CST 2018
pZxid = 0x80000000a
cversion = 0
dataVersion = 1
aclVersion = 0
ephemeralOwner = 0x0
dataLength = 6
numChildren = 0
[zk: localhost:2181(CONNECTED) 23] get /test-p
123456
cZxid = 0x80000000a
ctime = Wed Jul 04 23:57:01 CST 2018
mZxid = 0x80000000b
mtime = Thu Jul 05 00:01:59 CST 2018
pZxid = 0x80000000a
cversion = 0
dataVersion = 1
aclVersion = 0
ephemeralOwner = 0x0
dataLength = 6
numChildren = 0
```

(5) 删除节点信息：delete path [version]。若要删除的节点存在子节点，那么将无法删除该节点，必须先删除子节点，再删除父节点。rmr path：递归删除节点。删除节点信息的代码如下：

```
[zk: localhost:2181(CONNECTED) 0] ls /
[test-p, zookeeper, test0000000004]
[zk: localhost:2181(CONNECTED) 1] delete /test0000000004
[zk: localhost:2181(CONNECTED) 2] ls /
[test-p, zookeeper]
[zk: localhost:2181(CONNECTED) 9] ls /
```

[test-p, zookeeper, test]

[zk: localhost:2181(CONNECTED) 10] rmr /test

[zk: localhost:2181(CONNECTED) 11] ls /

[test-p, zookeeper]

10.5　ZooKeeper 的典型运用场景

10.5.1　数据发布与订阅

1. 典型场景描述

数据发布与订阅模式，即所谓的配置中心，就是发布者将数据发布到 ZooKeeper 节点上，供订阅者动态获取数据，从而实现配置信息的集中式管理和动态更新。发布与订阅模式是一对多的关系，多个订阅者对象同时监听某一主题对象，这个主题对象在自身状态发生变化时会通知所有的订阅者对象，使它们能自动地更新自己的状态。发布与订阅模式可以使得发布方和订阅方独立封装和独立改变。当一个对象的改变需要同时改变其他对象，而且它并不知道具体有多少对象需要改变时，可以使用发布与订阅模式。

2. 应用

发布与订阅模式在分布式系统中的典型应用有配置管理、服务发现和注册。

(1) 配置管理是指如果集群中的机器拥有某些相同的配置并且这些配置信息需要动态改变，那么可以使用发布与订阅模式统一集中管理配置，让这些机器各自订阅配置信息的改变，当配置发生改变时，这些机器就可以得到通知并更新为最新的配置。

(2) 服务发现和注册是指对集群中的服务上下线做统一管理。每个工作服务器都可以作为数据的发布方向集群注册自己的基本信息，而让某些监控服务器作为订阅方，订阅工作服务器的基本信息，当工作服务器的基本信息发生改变(如上下线、服务器角色或服务范围变更)时，监控服务器可以得到通知并响应这些变化。

10.5.2　统一命名服务

1. 典型场景描述

命名服务是分布式系统中比较常见的一类场景，是分布式系统最基本的公共服务之一。在分布式系统中，被命名的实体通常可以是集群中的机器、提供的服务地址或远程对象等，这些都可以被统称为名字(Name)。其中较为常见的就是一些分布式服务框架(如RPC、RMI)中的服务地址列表。通过使用命名服务，客户端应用能够根据指定名字来获取资源的实体、服务地址和提供者的信息等。

2. 应用

ZooKeeper 的命名服务有两个应用方向：一是 ZooKeeper 提供类似 Java 命名和目录接

口(JIDI)服务，能够帮助应用系统通过一个资源引用的方式来实现对资源的定位与使用，即用 ZooKeeper 中的树形分层结构，可以把系统中的各种服务的名称、地址以及目录信息存放在 ZooKeeper 中，需要的时候去 ZooKeeper 中读取即可。二是利用 ZooKeeper 顺序节点的特性，制作分布式的 ID 生成器。往数据库中插入数据时，通常要有一个 ID，在单机环境下，可以利用数据库的主键自动生成 ID。但是在分布式环境下就不能这样操作了，可以使用通用唯一识别码(Universally Unique Identifier，UUID)生成编号，可是 UUID 有一个缺点，即它没有规律，很难理解。若使用 ZooKeeper 的命名服务，则可以生成有顺序的、容易理解的和支持分布式的编号。

10.5.3　分布式协调/通知

1. 典型场景描述

分布式协调/通知服务是分布式系统中不可缺少的一个环节，是将不同的分布式组件有机结合起来的关键所在。基于 ZooKeeper 实现分布式协调/通知的功能，从而实现对数据变更的实时处理。基于 ZooKeeper 实现分布式协调/通知功能，通常的做法是不同的客户端都对 ZooKeeper 上同一个数据节点进行 Watcher 注册，监听数据节点(包括数据节点本身及其子节点)的变化。如果数据节点发生变化，那么所有订阅的客户端都能够接收到相应的 Watcher 通知，并做出相应的处理。

2. 应用

分布式协调/通知的应用如下：

(1) 系统调度模式：操作人员发送通知实际是通过控制台改变某个节点的状态，然后 ZooKeeper 将这些变化发送给注册了这个节点的 Watcher 的所有客户端。

(2) 工作汇报模式：每个工作进程都在某个目录下创建一个临时节点，并携带工作的进度数据。这样汇总的进程可以监控目录子节点的变化，以获得工作进度实时的全局情况。

总的来说，利用 ZooKeeper 的 Watcher 注册和异步通知功能，通知的发送者可以创建一个节点，并将通知的数据写入该节点；通知的接受者可以对该节点进行注册 Watch，当节点变化时，即可认为是通知的到来。

◤ 本 章 小 结 ◤

ZooKeeper 主要是一个分布式服务协调框架，用于实现同步服务、配置维护和命名服务等分布式应用；ZooKeeper 也是一个高性能的分布式数据一致性解决方案，它能实现诸如数据发布与订阅、命名服务、分布式协调/通知和集群管理等功能。

◤ 习 　 题 ◤

一、术语解释

1. 数据模型　　　　2. Ensemble　　　　3. Leader　　　　4. Watcher

5. Follower　　　6. 持久节点　　　7. 临时节点

二、简答题

1. ZooKeeper 的数据模型是什么？
2. ZooKeeper 的主要组件是哪些？
3. 如何使用 Watcher 实现分布式通知？
4. ZooKeeper 中的事务是如何实现的？
5. ZooKeeper 的 Watch 触发原理是什么？
6. ZooKeeper 的 CAP 原理是什么？
7. ZooKeeper 的持久节点和临时节点的生命周期有何不同？
8. ZooKeeper 的典型应用场景有哪些？

参 考 文 献

[1]   虚拟化与云计算小组. 云计算宝典：技术与实践[M]. 北京：电子工业出版社，2011.

[2]   陆嘉恒. Hadoop 实战[M]. 北京：机械工业出版社，2011.

[3]   刘鹏. 云计算[M]. 3 版. 北京：电子工业出版社，2015.

[4]   刘鹏. 大数据[M]. 北京：电子工业出版社，2017.

[5]   张晓丽，杨家海，孙晓晴，等. 分布式云的研究进展综述[J]. 软件学报：2018，29(7)：2116-2132.

[6]   Sun and AMD Special Edition. High Performance Computing For Dummies[M]. Published by Wiley Publishing, Inc.111 River Street, Hoboken, NJ07030-5774.

[7]   于金良，朱志祥，李聪颖. Hadoop MapReduce 新旧架构的对比研究综述[J]. 计算机与数字工程：2017，(1)45：183.

[8]   蔡斌，陈湘萍. Hadoop 技术内幕：深入解析 Hadoop Common 和 HDFS 架构设计与实现原理[M]. 北京：机械工业出版社，2013.

[9]   董西成. Hadoop 技术内幕：深入解析 MapReduce 架构设计与实现原理[M]. 北京：机械工业出版社，2013.

[10]   舒克 A，迈纳 D. MapReduce 设计模式[M]. 徐钊，赵重庆，译. 北京：人民邮电出版社，2014.

[11]   杜江，张铮，张杰鑫，等. MapReduce 并行编程模型研究综述[J]. 计算机科学：2015，42(6A).

[12]   怀特. Hadoop 权威指南[M]. 4 版. 王海，华东，刘喻，等译. 北京：清华大学出版社，2017.

[13]   安俊秀，靳宇倡，郭英. Hadoop 大数据处理技术基础与实践(微课版)[M]. 2 版. 北京：人民邮电出版社，2023.

[14]   林子雨. 大数据技术原理与应用：概念、存储、处理、分析与应用[M]. 3 版. 北京：人民邮电出版社，2021.

[15]   怀特. Hadoop 权威指南[M]. 3 版. 曾大聃，周傲英，译. 北京：清华大学出版社，2010.

[16]   GATES A. Pig 编程指南[M]. 北京：人民邮电出版社，2013.

[17]   CAPRIOLO E, WAMPLER D, RUTHERGLEN J. Hive 编程指南[M]. 曹坤，译. 北京：人民邮电出版社，2013.

[18]   GEORGE L. HBase 权威指南[M]. 代志远，刘佳，蒋杰，译. 北京：人民邮电出版社，2013.

[19]   JUNQUEIRA F, REED B. ZooKeeper：分布式过程协同技术详解[M]. 谢超，周贵卿，译. 北京：机械工业出版社，2016.